Bernd Demant

Fuzzy-Theorie
oder
Die Faszination des Vagen

Bernd Demant

Fuzzy-Theorie
oder
Die Faszination des Vagen

Grundlagen einer präzisen Theorie
des Unpräzisen für Mathematiker,
Informatiker und Ingenieure

Gedruckt auf säurefreiem Papier

ISBN 978-3-322-83062-3   ISBN 978-3-322-83061-6 (eBook)
DOI 10.1007/978-3-322-83061-6

Vorwort

Dieses Buch ist entstanden, weil der Autor die skeptische Haltung vieler Informatiker und Mathematiker gegenüber der Fuzzy-Theorie, der er bis vor kurzem begegnete, aufweichen wollte. Inwischen hat sich das Szenario allerdings grundlegend geändert. Von Skepsis kann kaum noch die Rede sein. Fuzzy-Methoden sind allenthalben im Schwange. Viele jüngere Ingenieure, die übrigens von Anfang an keine Berührungsängste vor den neuen ´unpräzisen´ Entwürfen der Fuzzy-Theorie hatten, nehmen die Angebote an und fügen sie wie selbstverständlich in ihr professionelles Methodenrepertoire ein.

Die Darstellung der Fuzzy-Theorie in diesem Buch hat eine Tendenz : Der Autor unternimmt den Versuch, begreiflich zu machen, daß die Begriffsbildungen der Fuzzy-Theorie keiner apologetischen Ableitung aus den gewohnten Theorien wie Mengentheorie oder Wahrscheinlichkeitstheorie bedürfen. Sofern die diskutierten Begriffe Sachverhalte der Wirklichkeit modellieren wollen, sind die hiermit verbundenen Idealisierungen meist weniger einschränkend als die gewohnten. Es wird daher programmatisch versucht, von den fuzzytheoretischen Begriffen auszugehen mit dem gelegentlichen Hinweis, daß diese Begriffe und mit ihnen gebildete Aussagen für den Spezialfall entsprechender gewöhnlicher Begriffe manchmal bereits bekannte Sachverhalte reflektieren.

Die Möglichkeiten der Fuzzy-Theorie werden trotz ihrer Akzeptanz bei vielen Praktikern nach Ansicht des Autors allgemein noch unterschätzt.

Die Vorzüge der Fuzzy-Theorie findet man

1. in der durch fuzzytheoretische Reflektion provozierten Entdeckung bisher unbekannter Zusammenhänge wirklicher Sachverhalte,

2. in der Anwendung fuzzytheoretischer Methoden auf technische Systeme,

3. in der überlegenen Darstellbarkeit wirklicher Sachverhalte mittels der in der Fuzzy-Theorie entwickelten Begriffe und Notationen.

Besonderen Dank erweisen möchte der Autor an dieser Stelles seiner Frau, Dipl. Math. Brigitte Demant, für wichtige Beiträge zu diesem Buch sowie das viele Gegenlesen und die Entdeckung einiger Fehler. Auch den Kollegen des Autors in der GMD, Herrn Dr. Ekkehard Altmann, der den Abschnitt 2.3., Vage Ordnungen, durch inspirierende Diskussion förderte und intensiv gegengelesen hat, und Herrn Dipl. Inform. Claus Hoffmann, der bei einigen wichtigen bildlichen Darstellungen behilflich war und auch gegengelesen hat, sei hiermit gedankt.

GMD, St. Augustin

im April 1993   Bernd Demant

Inhalt

Präzision ist nicht Wahrheit   (Henri Matisse)

Dieser schöne Satz eines Malers ist das eigentliche Motto dieses Buches. Unser Thema ist das *Vage, nichtpräzise, Unscharfe*. Hierbei sind wir darauf angewiesen - weil wir mit unserem Thema eben doch präzise umgehen wollen - uns zu beschränken. Wir werden etwas ekklektisch nur solche Phänomene des Vagen behandeln, die einem hierfür angepaßten mathematischen Begriffsapparat überhaupt zugänglich sind. Für die Umkehr unseres Mottos könnte man sagen, ´Wahrheit ist unpräzise´. In der Hoffnung, daß dieser Satz falsch ist, der ja sagt, daß sich Präzision und Wahrheit nicht vertragen, verdrängen wir die Paradoxie, die in dem Unternehmen liegt, eine präzise Theorie des Unpräzisen zu diskutieren. Der Bedarf, das Unpräzise zu begreifen und zu manipulieren, liegt in der Luft. Der Computer hat uns an die Grenzen geführt, die der ´naiven´ Präzision grundsätzlich vorgegeben sein könnten. Um über diese Grenzen hinauszugelangen, können wir nicht anders, als uns des Unpräzisen anzunehmen. Als Wissenschaftler bleiben wir dabei Gefangene unseres eigenen Werkzeugs, der Präzision, und müssen trotz aller Erfolge in der materiellen Welt neidvoll dem Maler Henri Matisse zuhören, für den, wie für die belebte Natur, das Präzise belanglos war, wenn er die Wahrheit malte. Schon Matisse muß geahnt haben, daß kein technischer Apparat, mit welchem Aufwand an Elektronik, Megachips und Software man ihn auch immer ausgestattet haben mag, jemals die Anmut und Leichtigkeit erreichen wird, mit der seine Katze über die Spitzen des Staketenzaunes vor seinem Landhaus läuft, in der Mitte des Zaunes verharrt, sich umdreht und mit gleichbleibender Sicherheit den gekommenen Weg zurückgeht. Nach dem Erstaunen und der Bewunderung für die Katze wird die geringere Natur in uns von Neid erfaßt. Dieser Neid ist der Ausgangspunkt unseres Bemühens, Systeme zu betrachten, die zwar nicht die Katze erreichen können, aber vielleicht doch wenigstens einen Hauch von Verständnis dafür, warum die Katze so unerreichbar unseren Artefakten überlegen ist.

Mitte der sechziger Jahre wurde Lotfi Zadeh auf typische Defizite technischer Systeme aufmerksam, die sich zurückführen lassen auf

Grundlagenfragen unserer technischen Kultur. Ein Roboterarm, dem eine Funktion antrainiert wurde, wird in der Regel, solange er intakt ist, diese Funktion mit großer Präzision wiederholen. Je präziser er arbeitet, desto besser. Ein organisches System, etwa Matisses Katze, wird seinen Arm nie präzise bewegen, d.h. Wiederholungen der auszuführenden Funktion sind bestenfalls im Ergebnis präzise. Der Bewegungsablauf unterscheidet sich stets signifikant und unvorhersehbar. Produkte der Handarbeit sehen charakteristisch anders aus als die Ergebnisse eines Produktionsautomaten. Für organische Systeme ist die Präzision belanglos, für technische Systeme konstitutiv. Das nicht Präzise, das Vage, scheint für organische Systeme eine Komponente ihres modus operandi zu sein. Sie sind im Umgang mit dem Vagen virtuos und zu Leistungen fähig, die auch die kühnsten Adepten technischer Machbarkeit selbst in schwachen Stunden als mögliche Fähigkeiten ihrer Systeme kaum ernsthaft zu propagieren wagen.

Ein anderes Beispiel als die Katze für die unnachahmliche Leistungsfähigkeit organischer Systeme ist die menschliche Sprache. In der Sprache finden einige von uns die wenigen dem Menschen gegebenen Möglichkeiten, anmutig und leicht zu sein wie die Katze. Die tatsächliche Vagheit im Bedeutungsgehalt fast aller gesprochenen Worte macht Kommunikation erst möglich. Die erhobene Forderung nach präziser Sprache im Gespräch würde dieses auf den bloßen Austausch von Information reduzieren und zu unendlichem Streit über verwendete Begriffe führen, wenn es nicht vorher an seiner Öde schon erstickt wäre. Durch die Vagheit der Begriffe bekommt die Kommunikation im Gespräch etwas noch zu Gestaltendes, reizt ständig zur Kreation von Inhalten, die dem jeweiligen Status des Gespräches adäquat sind. Das Gespräch reizt sozusagen unablässig den Künstler in uns dadurch, daß wir unbewußt dem Gestaltungsappell, der von der Plastizität der vagen Begriffe ausgeht, unterworfen sind. Im Rahmen eines solchen, am Beispiel der Sprache gespiegelten Verständnisses vom modus operandi organischer Systeme, erscheint die Forderung nach Präzision nur noch als fixe Idee, gewissermaßen als Zwangsvorstellung des Abendlandes. Wir verstehen jetzt vielleicht ein wenig besser, warum die neuen technischen Methoden, die die angedeuteten Vagheiten der organischen Wirklichkeit nicht idealisierend ausblenden, sondern nutzen, in Japan Konjunktur haben. Die eigene Kulturtradition dort, so verschüttet sie durch die japanische Verwestlichung auch sein mag, kennt die Prärogative der Präzision nicht. Besonders in der japanischen Sprache sollen Vagheit und Vieldeutigkeit keinesfalls einen pejorativen Charakter haben, sondern ein hochentwickeltes Ausdrucksmittel einer als Kulturtechnik aufgefaßten Sprache darstellen.

4

Strukturelle und quantifizierbare Vagheit

Ein Buch, welches wir gelesen haben, könnte gelegentlich als 'recht schwierig', 'dick' und 'sehr literarisch' beschrieben werden. Wer sich so äußert, versucht mit vagen Begriffen einige Aspekte des gelesenen Buches zu beschreiben. Aspekte wie 'recht schwierig', 'dick' und 'sehr literarisch' könnte man als Funktionen auffassen, die auf der Menge aller Bücher jedem Buch Maßzahlen zwischen 0 und 1 zuordnen, welche angeben, zu welchem Grad ein Buch dem jeweiligen Aspekt entspricht.

'recht schwierig' mag im Rahmen einer bildungssoziologischen Untersuchung vielleicht noch zu quantifizieren sein; 'dick' könnte anhand der Seitenzahl eines Buches durch folgenden Funktionsgraphen definiert sein:

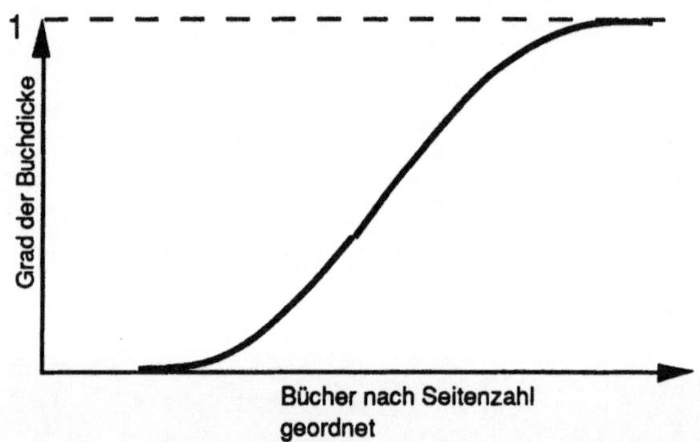

´sehr literarisch´ aber wird zu keinem Konsens über eine Meßvorschrift, die auf die Menge aller Bücher angewendet werden kann, führen.

Man sieht, eine quantifizierende Modellierung von vagen Sachverhalten muß sich auf Bereiche beschränken, wo ein Konsens hinsichtlich der Quantifizierung überhaupt möglich ist. Ein berühmter Fehlgriff solcher Quantifizierungsversuche ist in der Messung der menschlichen Intelligenz mithilfe von Intelligenzquotienten zu sehen. Die Konsensfähigkeit hat sich hier eigentlich nie richtig erwiesen, so daß eine Akzeptanz von Ergebnissen der Intelligenzforschung nur dort möglich gewesen ist, wo sowieso an die Aussagefähigkeit des Intelligenzquotienten geglaubt wurde.

'sehr literarisch' und 'intelligent' sind strukturell vage Aspekte, die sich einer konsensfähigen Quantifizierung entziehen. Quantifiziert man dennoch diese umgangssprachlich ganz unbefangen und virtuos gebrauchten Begriffe gewaltsam durch Vorgabe eines Meßverfahrens, so erreicht man nichts weiter als einen neuen Begriff - eben den gemessenen - der mit dem ursprünglich gemeinten oft nur eine sehr entfernte Ähnlichkeit hat. Wir interessieren uns im folgenden für quantifizierbar vage Aspekte. Es gibt Aspekte, die nur scheinbar strukturell sind, die sich tatsächlich aber als Zusammensetzungen von quantifizierbar vagen Aspekten auffassen lassen. Diese können auch Gegenstand fuzzy-theoretischer Untersuchungen sein.

Die Beschränkung auf quantifizierbar vage Aspekte muß deshalb betont werden, weil eine 'Theorie des Vagen', die sich anschickt, in sprachlich orientierte Felder wie der Simulation menschlicher Denkprozesse einzudringen, zu Großsprechereien verführen könnte. Man vermeidet auch Enttäuschungen in den Fällen, wo man geneigt ist, mit symbolisch erfaßten vagen Begriffen zu arbeiten, die sich dann später als nicht quantifizierbar erweisen.

Der Begriff 'vage', der uns in vielen Kontexten mit schwankendem Bedeutungsumfang auch als 'unscharf', 'verschwommen', 'vieldeutig', 'ambivalent' u.a.m. begegnet, bezeichnet ein sprachlich bestimmtes weites Feld. Wir behandeln hiervon nur einen mikroskopischen Teil, indem wir - den ärmlichen Mitteln einer logischen Methodik mißtrauend - nur die schlichteste Form, in der uns 'Vages' begegnet, herausschneiden. Jene nämlich, die das 'Vage' als ein 'mehr oder weniger' (also numerisch Vergleichbares) erkennen läßt. Die vollständige Ordnung dieses 'Vagen' denken wir uns repräsentiert durch das Zahlenintervall [0,1]. Wir sagen dann: Ein Objekt entspreche einem vagen Aspekt zu einem Grade und meinen mit diesem Grad eine Zahl zwischen 0 und 1. Konkret: Der 'Zauberberg' von Thomas Mann ist ein 'dickes Buch' zum Grade 0,9.

Die Formulierung (Zadeh 1973) "... one of the most important facets of human thinking is the ability to summarize information into

6

labels of   fuzzy-sets which bear an approximate relation to the primary data ..."   betont noch einmal die Herkunft unserer Intentionen.

Wir wollen es nun bei der Differenzierung zwischen struktureller Vagheit und quantifizierbarer Vagheit belassen und es vermeiden, allzu große Ambitionen in Hinsicht auf die Simulation menschlicher Denkvorgänge zu verfolgen. Die Gefahr, hierbei in bodenloser Spekulation oder haarsträubender Rabulistik zu enden, erscheint dem Autor zu groß.

Für den so abgegrenzten Begriff 'quantifizierbar vage' werden wir häufig weniger bedeutungsbeladen das englische Wort **fuzzy** verwenden. In jedem Sprachbereich gibt es fremdsprachliche Begriffe, die sich wegen ihrer Bildhaftigkeit, Klangschönheit oder konzisen Begriffsdichte im allgemeinen Sprachgebrauch oder in Fachsprachen durchgesetzt haben. In Deutschland kennt jedermann das schon auf der Zunge zergehende französische Wort *Cognac,*   und man spürt ein Kratzen im Hals, wenn man den amtlichen Begriff 'Deutscher Weinbrand'   auszusprechen versucht.

In der NEW YORK TIMES   kann man ohne weiteres die deutschen Worte *Kindergarten* oder *Blitzkrieg*   verwenden, ohne Verständnisschwierigkeiten bei den Leseradressaten befürchten zu müssen. Ähnlich verhält es sich mit dem Begriff **Fuzzy-Set**, der sich gegen solche Ungeheuer wie 'Unscharfe Menge' oder 'ensemble flous' durchgesetzt hat.

Wir wollen im folgenden etwas kompromißlerisch von der **Fuzzy-Menge** sprechen und nennen den ganzen Sachbereich, der sich auf diesen Begriff stützt,

F U Z Z Y - T h e o r i e .

1. Die Elemente der Fuzzy - Theorie

1.1. Der Begriff Fuzzy-Menge

Ein Buch von 1000 Seiten ist ein dickes Buch. Ein Buch von 50 Seiten ist kein dickes Buch. Definieren wir den Begriff 'dick' in bezug auf Bücher als 'wenigstens von 600 Seiten', so sieht man die Schwächen dieser Art von Definition sofort: Ein Buch von 599 Seiten wäre kein dickes Buch! 'Dickes' Buch im Sinne von 'wenigstens 600 Seiten' legt innerhalb eines Ensembles von Büchern eine Teilmenge fest. Diese kann in Form einer charakteristischen Funktion dargestellt werden:

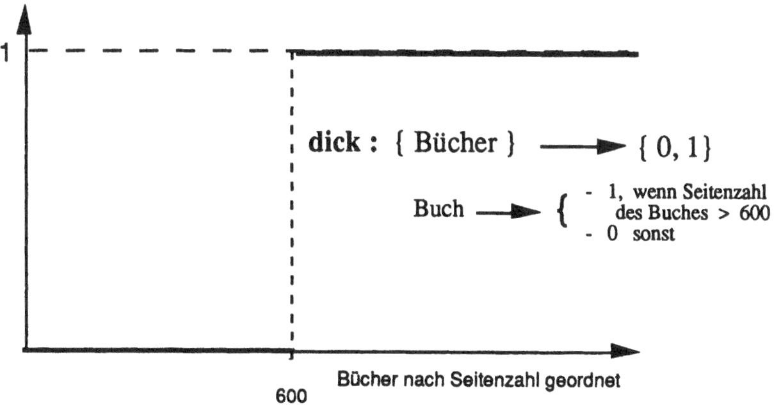

Bild 1-1: Typische ´scharfe´ charakteristische Funktion - in diesem Fall zur Kennzeichnung des Begriffes ´dickes Buch´.

Als Modellierung dessen, was wir metalogisch oder umgangssprachlich als 'dickes' Buch bezeichnen, ist eine derartige Definition von 'dick' offensichtlich wenig tauglich; denn, wer ein Buch von 600 Seiten für 'dick' hält, der wird ein Buch von 599 Seiten auch für ein 'dickes' Buch halten. Unsere charakteristische Funktion sagt aber unmißverständlich, daß ein Buch von 599 Seiten kein 'dickes Buch' sei.

Die Vagheit des Begriffes 'dickes' Buch verstehen wir als gleitenden Übergang von 'nicht dick' zu 'dick'. Dieser gleitende Übergang läßt sich mithilfe einer Verallgemeinerung der charakteristischen Funktion einer Menge darstellen:

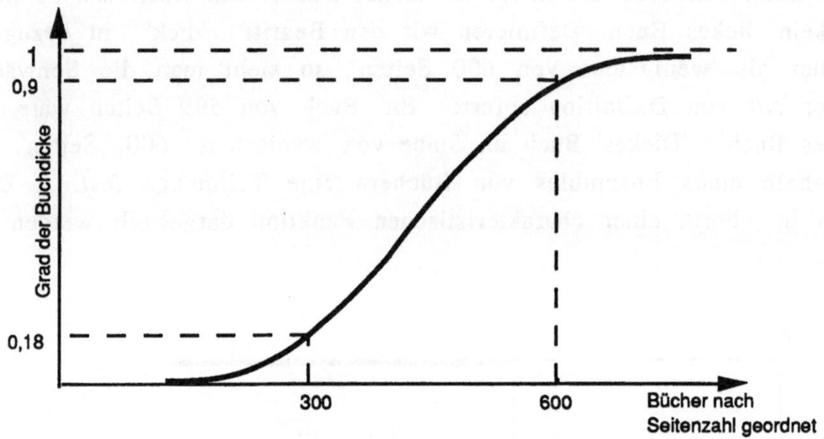

Bild 1-2: Graph der ´Fuzzy-Menge der dicken Bücher´, der den gleitenden Übergang von ´nicht dick´ zu ´dick´ reflektiert.

Die durch diesen Graphen dargestellte Funktion nennen wir 'Fuzzy-Menge der dicken Bücher'. Mithilfe der Verallgemeinerung des Begriffes der ´charakteristischen´ Funktion gewinnen wir also die Möglichkeit, Ausdrücke wie 'ein Buch von 300 Seiten ist zum Grade 0,18 ein dickes Buch' zu modellieren. In allgemeiner Notation schreiben wir nun:

Eine **Fuzzy-Menge** von einer Grundmenge O ist eine Funktion **F : O** $\rightarrow$ **[0,1]**. Für ein Objekt o $\in$ O sagen wir, daß es dem Aspekt F zum Grade F(o) entspreche.

Die mathematische Theorie dieser Fuzzy-Mengen ist als solche nur eine unter vielen. Erst ihre Interpretationen und ihre Potenz, viele reale Sachverhalte effektiv beschreiben, gar modellieren zu können, geben ihr ein besonderes Gewicht.

1.2. Fuzzy-Mengen als Punkte eines Würfels

Wenn die Grundmenge O aus n Objekten $\{o_i/i=1,...,n\}$ besteht, so stellt der Punkt $(F(o_1),F(o_2),...,F(o_n))$ des n-dimensionalen Einheitswürfels diese Fuzzy-Menge* dar:

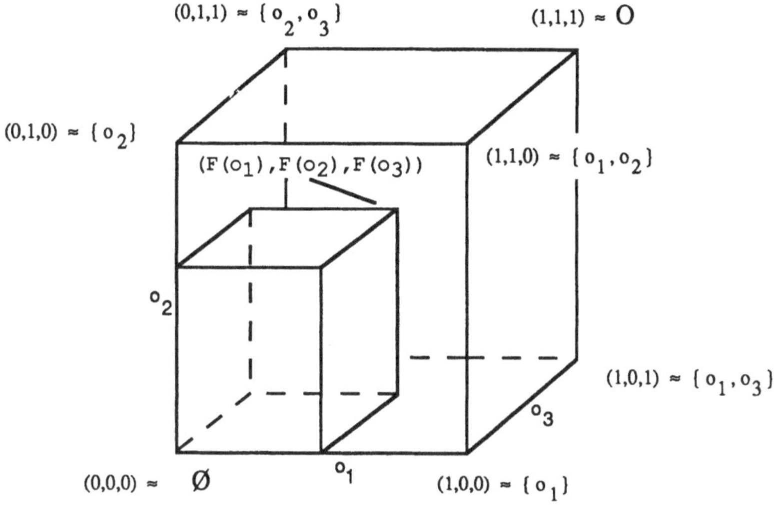

Bild 1-3: Würfel der Aspekte, unter denen drei Objekte betrachtet werden.

Die Eckpunkte des Würfels entsprechen genau den gewöhnlichen (scharfen) Teilmengen der Grundmenge. Sie bedeuten also jene Aspekte, unter denen die Objekte eindeutig als dem jeweiligen Aspekt vollständig entsprechend oder nicht entsprechend klassifiziert werden können. Die inneren Punkte des Würfels sind so gesehen die vagen Aspekte, unter denen die Objekte betrachtet werden.

Wir sehen also, daß man n Bücher unter dem Aspekt 'dick' betrachten kann, und stellen diesen Sachverhalt als Punkt in einem n-dimensionalen Würfel dar. Andere Aspekte, unter denen man Bücher betrachten kann, d.h. so betrachten kann, daß für jedes Buch eine Maßzahl zwischen 0 und 1 bestimmt wird, ergeben andere Punkte

---

* Die sehr anschauliche Darstellung von Fuzzy-Mengen als Punkte eines Würfels wurde von Kosko 1992 besonders betont.

unseres Würfels. Die Würfelpunkte repräsentieren also Aspekte, unter denen die Gesamtheit der Bücher betrachtet wurde.

Dual zu diesem Vorgehen könnte man aber auch die 'Aspekte auf die Objekte anwenden' , d.h. statt der Gesamtheit der Würfelpunkte

$$\{\,(F(o_1),F(o_2),...,F(o_n))\,/\,F \in \text{Aspektmenge}\,\}$$

die Würfelpunkte

$$\{\,(F_1(o),F_2(o),...,F_n(o)\,/\,o \in \text{Objektmenge}\,\}$$

betrachten.

Ein Beispiel: Autos kann man unter den Aspekten 'schnell', 'sparsam' (im Verbrauch) und 'billig' (beim Kauf) betrachten. Hier gibt es keine grundsätzlichen Schwierigkeiten, die vagen Begriffe 'schnell', 'preiswert' und 'sparsam' zu quantifizieren.

Bezeichnen wir mit x_1 den Aspekt 'schnell', mit x_2 den Aspekt 'sparsam' und mit x_3 den Aspekt 'billig', so kann jedem Auto a aus der Menge der Autos A das Zahlentripel $(x_1(a),x_2(a),x_3(a))$ zugeordnet werden. Wir schreiben hierfür:

$$x : A \;\longrightarrow\; [0,1]$$
$$a \longrightarrow x_i(a) \qquad i=1,2,3$$

Man sieht also, daß innerhalb des gewählten Aspektrahmens (x_1,x_2,x_3) die Autos als Punkte eines Einheitswürfels angesehen werden können.

Wenn wir nur zwei Aspekte betrachtet hätten, so könnten die Autos als Punkte eines Einheitsquadrates repräsentiert werden; im allgemeinen werden Objekte $o \in O$, für die n vage Aspekte zur Beschreibung herangezogen werden, als Punkte $(x_1(o),x_2(o),...,x_n(o))$ eines n-dimensionalen Einheitswürfels aufgefaßt.

Für drei Aspekte   erhält man ganz anschaulich:

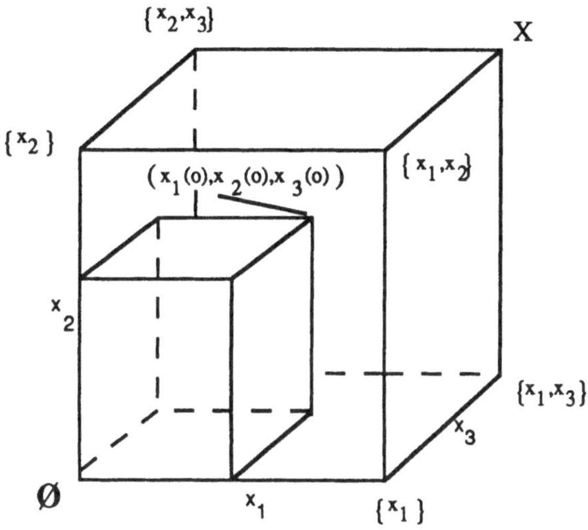

Bild 1-4: Würfel   der Objekte, die unter drei Aspekten betrachtet   werden.

Der Einheitswürfel ist ein Paradigma der Fuzzy-Theorie. Er wird zur Veranschaulichung von Zusammenhängen und neuen Begriffen der Fuzzy-Theorie   in den   folgenden Abschnitten immer wieder herangezogen werden.

Die Eckpunkte des Würfels entsprechen jenen Aspekt-zusammensetzungen, deren Komponenten ein Objekt bezeichnen, dessen Einzelaspekte total   zutreffen oder total nichtzutreffen. Hierdurch wird deutlich, daß Modellierungstechniken, die nur totale Aspekte behandeln, lediglich bizarre Sonderobjekte der Wirklichkeit betrachten. Die Eckpunkte des Einheitswürfels sind seltene Ausnahmen in der Gesamtheit der Punkte, aus denen der Würfel besteht.   Die modellierte Wirklichkeit wird wesentlich durch das Innere des Würfels dargestellt.

In unserem Autobeispiel bezeichnet der   Würfeleckpunkt (1,0,1) ein Auto, welches unzweifelhaft 'schnell', verschwenderisch im Verbrauch (überhaupt nicht 'sparsam') und auch noch unbestreitbar 'billig' ist; ein Sonderfall, der zudem für eine Entscheidung, ob ein solches Auto gekauft werden soll oder nicht, sowieso nicht als Repräsentant einer differenzierteren Entscheidungssituation dastehen kann.

Die Darstellung von Fuzzy-Mengen auf einer endlichen Menge X mit n Elementen als Punkte eines n-dimensionalen Einheitswürfels E^n gibt uns eine Vorstellung von der ´Menge aller Fuzzy-Mengen von X´ (gewissermaßen der ´Fuzzy-Potenzmenge von X´), $F(X)$. Wenn $P(X)$ die Potenzmenge von X ist, und $]E^n[$ die Menge der Eckpunkte von E^n bezeichnet, können wir zur notationellen Klarstellung zusammenfassen:

$$F(X) \quad \cong \quad E^n \quad \supset \quad]E^n[\quad \cong \quad P(X)$$

Mit dem Isomorphiezeichen ´$\cong$´ soll angedeutet werden, daß man $F(X)$ mit E^n bzw $]E^n[$ mit $P(X)$ identifizieren kann. Diese Identifizierung bietet für endliche Grundmengen X eine starke Vorstellung von $F(X)$. Zur graphischen Darstellung nehmen wir für E^n den 3-dimensionalen Einheitswürfel E^3 oder E^2. Er ermöglicht uns häufig, über das bloße formale Operieren mit komplizierten Ausdrücken hinaus, wirklich zu ´sehen´, was wir eigentlich tun. Der Leser sollte diese Idee verinnerlichen, sie ist der Schlüssel zur Erleichterung vieler, sonst nur schwer darstellbarer, Zusammenhänge fuzzy-theoretischer Strukturen.

1.3. Operationen mit Fuzzy-Mengen

Die verschiedenen Versinnbildlichungen von Fuzzy-Mengen, sei es als Graphen von Funktionen (Bild 1-2), sei es als Punkte eines Würfels (Bild 1-3), versinnbildlichen auch die Tatsache, daß der Begriff Fuzzy-Menge eine Verallgemeinerung des Begriffes der gewöhnlichen Menge ist. Die Graphen der gewöhnlichen Mengen (Bild 1-1) sind also Spezialfälle unter den Graphen von Fuzzy-Mengen. Die Eckpunkte eines Würfels sind Spezialfälle unter den Würfelpunkten. Da man gewöhnliche Mengen begrifflich deshalb eingeführt hat, um sie miteinander so in Beziehung zu setzen (mit ihnen zu operieren), daß solches ´in Beziehung setzen´ reale Sachverhalte modelliert, wollen wir ähnlich mit den Fuzzy-Mengen verfahren.

Die wesentlichen Operationen für gewöhnliche Mengen A, B sind die Vereinigung $A \cup B$, die Durchschnittsbildung $A \cap B$ und die Komplementbildung $\overline{A}$. Diese Operationen werden wir nun auch für Fuzzy-Mengen so definieren, daß sie für die Spezialfälle gewöhnlicher Mengen mit den bekannten Definitionen übereinstimmen. Die Operationen von Fuzzy-Mengen werden auf punktweise definierte Verknüpfungen der sie repräsentierenden Abbildungen gegründet. Wenn A, B Fuzzy-Mengen sind, verlangen wir natürlich, daß auch $A \cup B$ eine Fuzzy-Menge und somit eine Abbildung $A \cup B : O \rightarrow [0,1]$ ist. Diese Abbildung definieren wir ´punktweise´:

$$(A \cup B)(x) := \max (A(x), B(x))$$

Man sagt hierzu auch, $A \cup B$ sei das punktweise genommene Maximum von A und B, und benutzt folgende Schreibweise:

$$A \cup B := \max(A, B)$$

Für den Durchschnitt definieren wir analog:

$$A \cap B := \min(A, B)$$

Für das Komplement einer Fuzzy-Menge A setzen wir:

$$\overline{A} := X - A$$

Man beachte wieder, daß auch '–' auf punktweise Subtraktion von Funktionswerten zurückzuführen ist. Also

$$\overline{A}(x) = X(x) - A(x) = 1 - A(x).$$

Deshalb schreiben wir auch gelegentlich $\quad \overline{A} := 1 - A$.

Man sieht unmittelbar, daß diese Definitionen für die Spezialfälle gewöhnlicher Mengen die bekannten Definitionen der entsprechenden Mengenoperationen sind.

Wenn man A und B als Graphen versinnbildlicht, dann erkennt man die Beziehungen zwischen A, B, $A \cup B$, $A \cap B$ und $\overline{A}$ in den folgenden Bildern wieder:

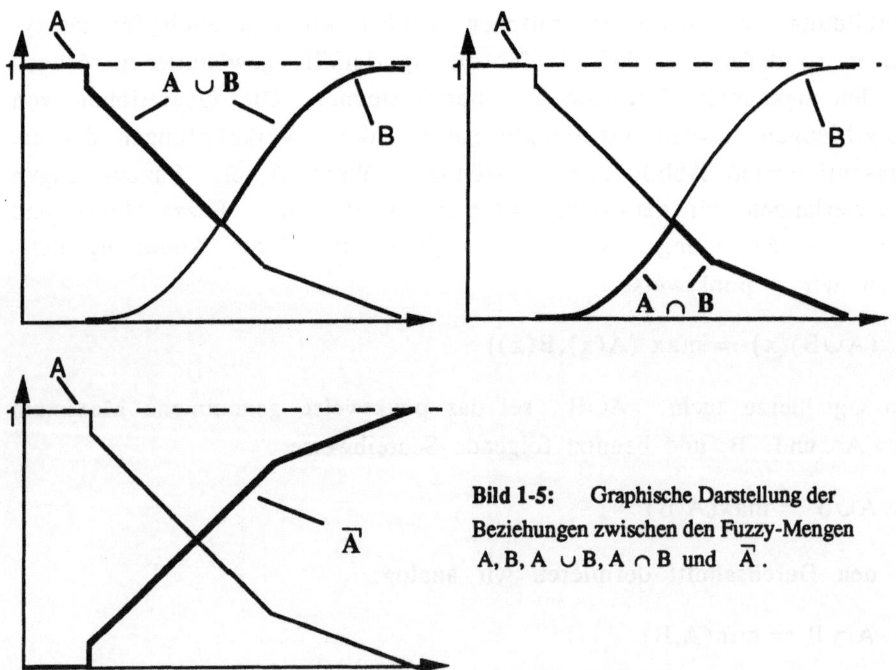

Bild 1-5: Graphische Darstellung der Beziehungen zwischen den Fuzzy-Mengen $A, B, A \cup B, A \cap B$ und $\overline{A}$.

Die so definierten Verallgemeinerungen der bekannten Mengen-operationen zeigen eine Besonderheit, die auf den ersten Blick an den Selbstverständlichkeiten der elementaren Logik rüttelt, auf den zweiten, genaueren Blick aber gewohnheitsmäßige Arten der Begriffsbildung der alltäglichen Umgangslogik widerspiegelt. Genau für solche Fuzzy-Mengen A, die keine gewöhnlichen Mengen sind, die *eigentlichen* Fuzzy-Mengen, gilt:

$$A \cap \overline{A} \neq \varnothing$$

Das bedeutet z.B., daß ein vager Begriff und sein Gegenteil sich wechselseitig nicht ausschließen.

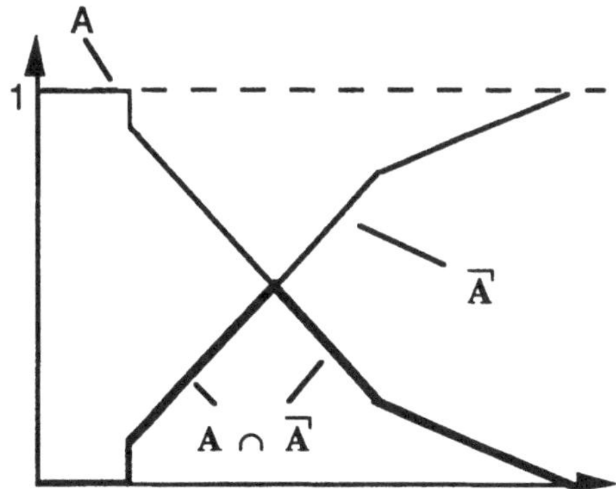

Bild 1-6: Der Durchschnitt einer Fuzzy-Menge mit ihrem Komplement ist nicht die leere Menge.

Diese kleine Besonderheit weist den eigentlichen Kern der gewöhnlichen Fuzzy-Theorie aus; die scheinbaren Widerwärtigkeiten mancher fuzzy-theoretischer Aussagen lassen sich als schiere Denkgewohnheiten des auf die Wahrheitswerte ´richtig´ und ´falsch´ fixierten sogenannten exakten Denkens zurückführen. Die alltägliche (bewußtlose) Umgangs- und Gebrauchslogik kennt sowieso kein ´tertium non datur´ ; erst wenn wir uns anstrengen und ´exakt denken´ reduzieren wir die farbige Welt auf eine Menge von Sachverhalten, die vorhanden sind oder nicht, die zutreffen oder nicht etc. Wir werden noch ganz andere Verallgemeinerungen der gewöhnlichen Mengenoperationen kennenlernen. Unter diesen Verallgemeinerungen werden wir dann eine besondere finden, wo dann doch auch der Durchschnitt einer Fuzzy-Menge mit ihrem Komplement leer ist und die Vereinigung die ganze Grundmenge ergibt (die Lukasiewicz-Verallgemeinerung s.u.).

Schauen wir uns nun einmal für den Fall einer 3-elementigen Grundmenge X an, zu welchen Würfelpunkten man gelangt, wenn man die Fuzzy-Mengen von X , A und B, vereinigt bzw schneidet:

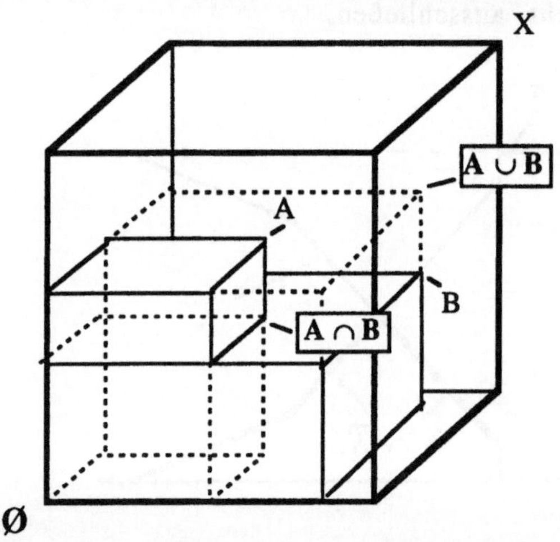

Bild 1-7: Vereinigung und Durchschnitt von Fuzzy-Mengen als Würfelpunkte.

Man sieht, daß man Durchschnitt und Vereinigung von Fuzzy-Mengen unmittelbar mithilfe der Durchschnitts- und Vereinigungsbildung von Quadern des Einheitswürfels, deren rechte hintere obere Ecke jeweils eine Fuzzy-Menge repräsentiert, gegeben ist.

Das Komplement der Fuzzy-Mengen A und B ergibt sich als Spiegelung
am Mittelpunkt des Würfels:

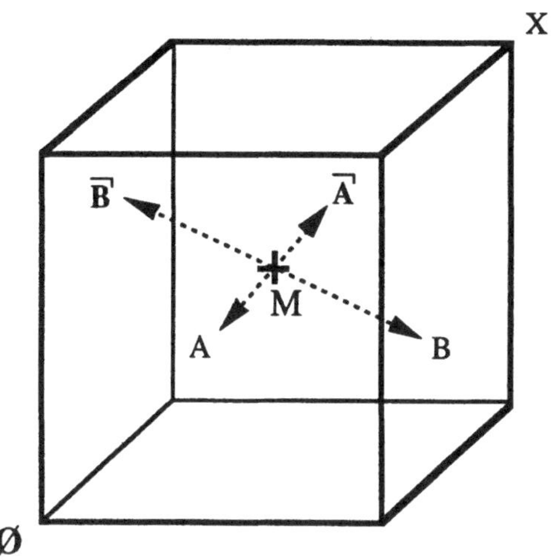

Bild 1-8: Komplemente von Fuzzy-Mengen sind im Würfel Spiegelungen am
Mittelpunkt M.

Der Mittelpunkt unseres Würfels spielt überhaupt eine ganz besondere
Rolle: Wenn man versucht, die gewöhnliche Menge A zu bilden, die
dadurch gekennzeichnet ist, daß mit $x \in A$ stets $x \notin A$ gilt, so
haben wir eine widersprüchliche Forderung. Es muß dann A = Ø sein.
Verlassen wir jedoch die schrill wirkende Forderung, daß ein Element
entweder zu A gehört oder nicht, und akzeptieren die Möglichkeit einer
graduellen Mitgliedschaft, so können wir analog zu Obigem jene Fuzzy-
Menge A bilden, die dadurch gekennzeichnet ist, daß $\text{Grad}(x \in A) =
\text{Grad}(x \notin A) = 1 - \text{Grad}(x \in A)$ also für alle $x \in X$ $A(x) = 1 - A(x)$ $\Leftrightarrow$
$A(x) = \frac{1}{2}$. D.h. A ist der Mittelpunkt des Würfels.

Für gewöhnliche Mengen A gilt: $A \cap \overline{A} = \emptyset$ und $A \cup \overline{A} = X$.
Diese allzu strenge Regel wird für Fuzzy-Mengen $A \in F(X)$ gelockert
und durch eine läßlichere ersetzt:

$$A \cap \overline{A} + A \cup \overline{A} = X .$$

(1.3-a)

Beweis :

$$\min(A(x),\overline{A}(x)) + \max(A(x),\overline{A}(x))$$

$$= A(x) + \overline{A}(x) = A(x) + X(x) - A(x) = X(x), \text{ wenn } A(x) \leq \overline{A}(x)$$

$$= \overline{A}(x) + A(x) = X(x), \text{ wenn } A(x) > \overline{A}(x) \qquad \text{q.e.d.}$$

Die Verhältnisse zwischen A, $\overline{A}$, $A \cap \overline{A}$ und $A \cup \overline{A}$ kann man in Bild 1-9 erkennen:

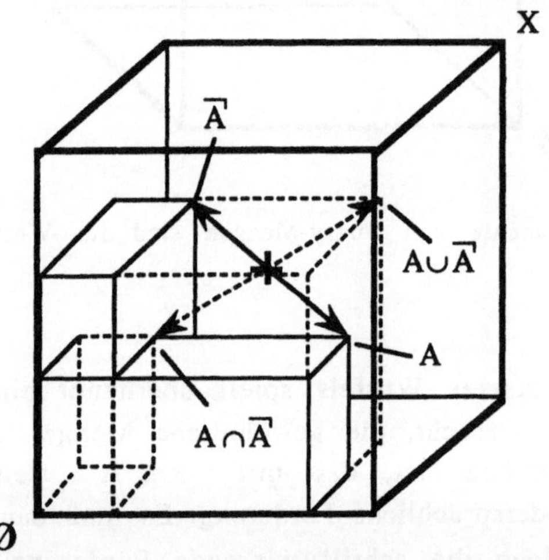

Bild 1-9: Man sieht, daß nicht nur A und $\overline{A}$ in einem Spiegelungsverhältnis zueinander stehen, sondern auch $A \cap \overline{A}$ und $A \cup \overline{A}$.

Aus (1.3-a) ersieht man unmittelbar, daß für eigentliche Fuzzy-Mengen $A \cap \overline{A} \neq \emptyset$ gleichbedeutend ist mit $A \cup \overline{A} \neq X$. Alle anderen bekannten Regeln über die Verknüpfung von gewöhnlichen Mengen, also Elementen der Potenzmenge von X - $P(X)$ - gelten auch für Fuzzy-Mengen $A, B, C \in F(X)$:

$$(1.3\text{-}b)$$

$A \cup B = B \cup A$, $A \cap B = B \cap A$ (Kommutativität)

$(A \cup B) \cup C = A \cup (B \cup C)$, $(A \cap B) \cap C = A \cap (B \cap C)$ (Assoziativität)

$A \cup (B \cap C) = (A \cup B) \cap (A \cup C)$, und

$A \cap (B \cup C) = (A \cap B) \cup (A \cap C)$ (Distributivität)

$A \cap A = A$, $A \cup A = A$ (Idempotenz)

$(A \overline{\cup} B) = \overline{A} \cap \overline{B}$, $(A \overline{\cap} B) = \overline{A} \cup \overline{B}$ (de Morgan-Regeln)

Für die Fuzzy-Potenzmenge $F(X)$ zusammen mit den Verknüpfungen $'\cap'$, $'\cup'$ und dem Komplement $'\neg'$ benutzen wir den Begriff 'gewöhnlicher Verband der Fuzzy-Mengen von X' und bezeichnen ihn mit $(F(X), \cap, \cup, \neg)$.

Man kann leicht einsehen, daß in $F(X)$ das Intervall $[0,1]$ enthalten ist:

$$\text{Inj} : [0,1] \to F(X) \qquad\qquad (1.3\text{-c})$$
$$s \to \text{Inj}(s); \quad \text{Inj}(s)(x) := s(x) = s.$$

D.h. jeder Zahl s aus dem Intervall $[0,1]$ kann die s-konstante Abbildung auf X, die ja auch eine Fuzzy-Menge von X ist, zugeordnet werden.

$FF(X) := F(F(X))$ bezeichnet die Menge der Fuzzy-Mengen auf $F(X)$.

X selbst kann man auf verschiedene Weise als in $F(X)$ enthalten auffassen:

$$(1.3\text{-d})$$

a) X ist Fuzzy-Menge von X, d.h. $X \in F(X)$. Es gilt ja sogar $X \in P(X) \subset F(X)$.

b) X ist eine Menge von Fuzzy-Mengen von X. es gilt ja sogar $X = \{\{x\}\} \subset P(X) \subset F(X)$.

Welche der beiden Auffassungen im folgenden gerade angenommen wird, kann man unmißverständlich aus den Notationen $X \in F(X)$ für den Fall a) und $X \subset F(X)$ für den Fall b) erkennen.

1.4. Fuzzy-Untermengen

Gewöhnliche Mengen $A,B \in P(X)$ können im Verhältnis der ´Unter-
mengigkeit´ zueinander stehen : $A \subset B \Leftrightarrow A \in P(B)$.   Dieses ist
dadurch gekennzeichnet, daß Elemente aus   A   stets auch Elemente aus
B sind. Das Verhältnis $A \subset B$ liegt vor, oder nicht; ein Drittes gibt es
nicht ! Wenn eine große Menge   B   bis auf ein einziges Element eine
andere große Menge   A   enthielte, wir müßten rigoros feststellen: A ist
nicht in B enthalten; $A \not\subset B$. Daß das Maß, zu dem $A \subset B$ verletzt
wäre, verschwindend gering wäre, wird bei der ´Untermengigkeit´
überhaupt nicht reflektiert.

$A \subset B$ ist gleichbedeutend mit : $A(x) \leq B(x)$ für alle $x \in X$. Man
könnte diese Beziehung auch als Definition der ´Untermengigkeit´
gewöhnlicher Mengen nehmen. Diese Definition ließe sich auch auf
Fuzzy-Mengen $A,B \in F(X)$ übertragen. Wir hätten dann eine ´Unter-
mengigkeit´ von Fuzzy-Mengen, die eine Verallgemeinerung der
´Untermengigkeit´   gewöhnlicher Mengen darstellte und für ein   Fuzzy-
Mengenpaar $A,B \in F(X)$ erfüllt sein kann oder nicht. Genau dieser
Rigorismus, der ja an der gewöhnlichen Mengentheorie so stört, wäre
damit aber auch auf die Fuzzy-Theorie übertragen. Wir befänden uns,
wenn wir lediglich $A(x) \leq B(x)$ als Definition für Untermengigkeit
heranzögen, sozusagen nicht auf der intellektuellen Höhe der Fuzzy-
Theorie. Wir werden deshalb eine andere Verallgemeinerung der
´Untermengigkeit´ für Fuzzy-Mengen einführen, die schon Kosko
(1987) mit besonderer Emphase propagiert hat. Diese wird uns
erlauben, davon zu sprechen, zu welchem Grad eine Fuzzy-Menge
Untermenge einer anderen Fuzzy-Menge ist. Hierzu benötigen wir ein
Maß, welches uns etwas über die Größe einer   Fuzzy-Menge sagt. Wir
nehmen hierzu eine Verallgemeinerung der Elementeanzahl von gewöhnlichen Mengen.

Für $A \in F(X)$ nennen wir [A] die Größe der Fuzzy-Menge A,

$$(1.4\text{-}a)$$

$[A] := \sum_{x \in X} A(x)$,   wenn die Summe rechts existiert. (Bei end-

lichem X existiert sie natürlich immer.)

Jetzt sind wir in der Lage, für Fuzzy-Mengen $A,B \in F(X)$ $(A \neq \emptyset)$ zu definieren, zu welchem Grad $U(A,B)$ die Fuzzy-Menge A Untermenge der Fuzzy-Menge B ist:

$$U(A,B) := \frac{[A \cap B]}{[A]} \qquad\qquad (1.4\text{-b})$$

Für jedes $B \in F(X)$ ist durch $U_B : F(X) \rightarrow [0,1]$; $U_B(A):=U(A,B)$ eine Fuzzy-Menge von $F(X)$ gegeben ! D.h., wir haben eine Abbildung $U : F(X) \rightarrow FF(X)$ durch $U(B) := U_B$.

Bild 1-10 vermittelt für eine zweielementige Grundmenge X eine geometrische Vorstellung davon, wie man sich die $U_B \in FF(X)$ vorstellen kann.

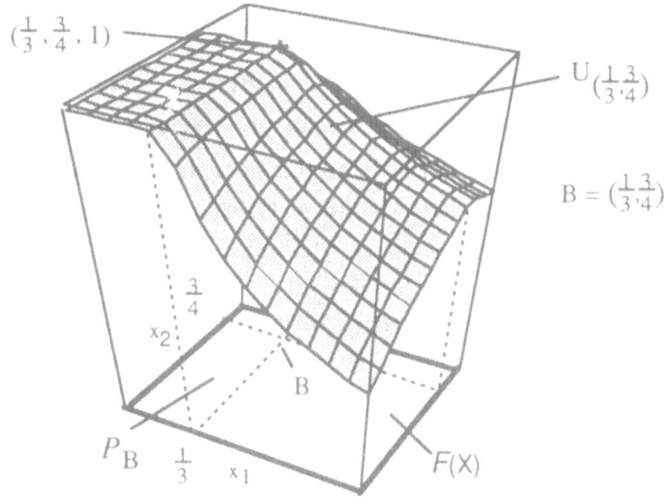

Bild 1-10: $U_B \in FF(X)$ im zweidimensionalen Fall, $X = \{ x_1,x_2 \}$, für $B = (\frac{1}{3},\frac{3}{4})$ dargestellt als 'Gebirgsfläche' über dem Quadrat (zweidimensionaler Würfel) $F(X)$.

Der Begriff 'Fuzzy-Untermengigkeit' wird auf diese Weise auf den Begriff 'Fuzzy-Menge' reduziert: Wir haben es bezogen auf eine Fuzzy-Menge B von X $(B \in F(X))$, was die Fuzzy-Untermengigkeit anbelangt, nicht etwa mit einer Menge von Fuzzy-Untermengen zu tun, sondern mit *der* Fuzzy-Untermenge $U_B \in FF(X)$. Zur Fuzzy-Menge $B \in F(X)$ gibt es also eine eindeutig bestimmte Fuzzy-Untermenge $U_B \in FF(X)$. Man muß sich an einen ganz anderen Sprachstil als den der gewöhnlichen Mengentheorie gewöhnen. In dieser gibt es zu einer Menge $B \in P(X)$ eine Menge von Untermengen $P(B) \subset P(X)$. Nach der hier entwickelten Auffassung, ist jede Menge insbesondere auch jede Fuzzy-Menge Untermenge von jeder Menge insbesondere auch jeder Fuzzy-Menge zu einem Grade. Dieser wird uns für beliebiges $B \in P(X)$ gerade durch die Fuzzy-Untermenge $U_B \in FF(X)$ gegeben, d.h. zu jedem $A \in P(X)$ erhalten wir mit $U_B (A)$ gerade den Grad, zu dem A Fuzzy-Untermenge von B ist. (Man könnte U_B gewissermaßen auch als die Fuzzy-Potenzmenge von B bezeichnen.)

Im Rahmen dieser Sprechweise wäre die Menge der Fuzzy-Mengen $A \in F(X)$, für die gilt $U(A,B)=1$, *die* Untermenge von B. Diese wollen wir als $P_B \subset F(X)$ bezeichnen. Man sehe sich noch einmal die Abb. 10 an, um sich über die Lage von P_B Klarheit zu verschaffen. P_B besteht also gerade aus den rigorosen Fuzzy-Untermengen der Fuzzy-Menge B. Für eine gewöhnliche Menge $B \in P(X)$ gilt natürlich $P_B = P(B)$.

Man sieht unmittelbar, daß für gewöhnliche Mengen $A,B \in P(X)$ $U[A,B]$ das relative Verhältnis der Elemente von A, die auch in B liegen, zur Anzahl aller Elemente von A bedeutet. Wenn etwa $A=\{1,2,3,4\}$ und $B=\{3,4,5,6,7,8,9\}$ ist, dann haben wir $A \cap B = \{3,4\}$ und $[A \cap B]=2$ sowie $[A]=4$ also $U[A,B] = 0,5$. A ist dann sozusagen zur Hälfte - nämlich zum Grade 0,5 - Untermenge von B.

Für $x \in X$ gilt

$$U(\{x\},A) = \frac{[\min(\{x\},A)]}{[\{x\}]} = \frac{[A(x)]}{1} = A(x),$$

d.h., der Grad, zu dem eine aus einem einzigen Element bestehende Menge Untermenge einer vorgegebenen Fuzzy-Menge ist, stimmt überein mit dem Grad, zu dem das Element zu dieser Menge gehört.

Unmittelbar sieht man, daß stets $U(A,X) = 1$, $U(A, \emptyset) = 0$.
Da $U(\emptyset,B)$ nicht definiert ist, setzen wir $U(\emptyset,B) = 1$.
Die leere Menge ist also zum Grade 1 in jeder Fuzzy-Menge enthalten.

Wenn X eine Menge von Experimenten ist, und $A \subset X$ die Menge der Experimente mit positivem Ausgang darstellt, dann ist

$$U(X,A) = \frac{[A \cap X]}{[X]} = \frac{[A]}{[X]}$$ die relative Häufigkeit der positiv ausgegangenen Experimente, die ja bei hinreichend großem X als Wahrscheinlichkeit für den positiven Ausgang des Experimentes genommen wird.

Relative Häufigkeit ist also ein Spezialfall gradueller Untermengigkeit!

Für den Fall, daß $U(A,B) = 1$ ist, benutzen wir auch die Notation $A \subset B$:

$$A \subset B \quad \Leftrightarrow \quad U(A,B) = 1.$$

$A \subset B$ (also $U(A,B) = 1$, also $A \in P_B$) ist gleichbedeutend mit :

$$A(x) \leq B(x) \text{ für alle } x \in X.$$

(Beweis: $U(A,B) = 1$ $\quad \Leftrightarrow \quad \sum_{x \in X} \min(A(x),B(x)) = \sum_{x \in X} A(x) \quad \Leftrightarrow$
$A(x) \leq B(x)$. q.e.d.)

Wenn $A \subset B$ nennen wir A *Untermenge* von B. (Diese Sprechweise stimmt mit der gewohnten natürlich nur dann überein, wenn A und B gewöhnliche Mengen sind.)

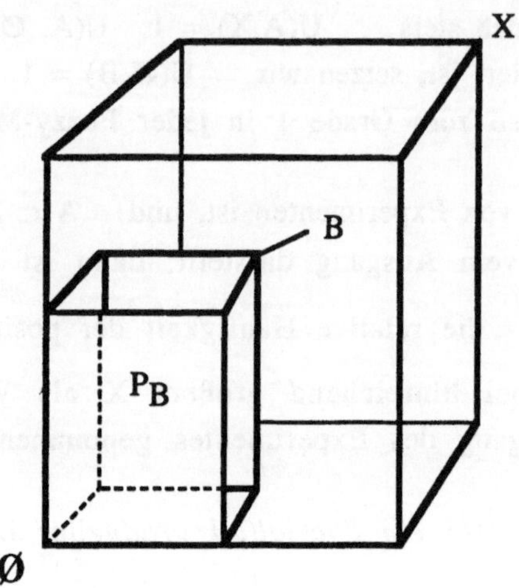

Bild 1-11: P_B , die Untermenge von B, ist die Menge der Fuzzy-Mengen A, mit
$A \subset B$,also $U(A,B) = 1$.

Mit der durch Verallgemeinerung der Enthaltenseinsbeziehung gewöhnlicher Mengen abgeleiteten Definition der Untermengigkeit $U(A,B)$ von
Fuzzy-Mengen wollen wir uns nicht zufrieden geben, sondern eine
semantische Interpretation entwickeln. Diese soll uns mehr sagen, als
daß $U(A,B)$ eine gewisse Zahl zwischen 0 und 1 ist. Sie soll uns eine
anschauliche Vorstellung davon vermitteln, was diese Zahl bezogen auf
die Elemente von A und B bedeutet.

Eine Fuzzy-Menge A ist nicht nur Untermenge einer Fuzzy-Menge B
zum Grade $U(A,B)$, sondern gleichzeitig Obermenge von B zum Grade
$O(A,B)$! Was soll das heißen? $O(A,B)$ soll angeben, wie häufig und wie
stark $A \subset B$ verletzt wird:
Summiert man einfach sämtliche Verletzungen der Bedingung $A \subset B$, so
erhält man $\sum_{x \in X} \max (0,A(x)-B(x))$. Diesen Ausdruck normieren wir
und erhalten:

$$O(A,B) \; := \; \frac{\sum\limits_{x \in X} \max\,(0, A(x) - B(x))}{[A]}$$

$O(A,B)$ ist also die normierte Summe aller Verletzungen der Bedingung $A \subset B$ nach Anzahl und Größe. Diese anschauliche Definition der Obermengigkeit steht nun in einem einfachen Verhältnis zu unserer abstrakt definierten Untermengigkeit $U(A,B)$.

$$U(A,B) + O(A,B) = 1$$

Beweis:

$$[A] \cdot U(A,B) = \sum\limits_{x \in X} \min(A(x), B(x)) =$$

$$= \sum\limits_{x \in X} A(x) - \max(0, A(x) - B(x))$$

$$= \sum\limits_{x \in X} A(x) - \sum\limits_{x \in X} \max(0, A(x) - B(x)) = [A] - [A]O(A,B). \quad \text{q.e.d.}$$

Obermengigkeit und Untermengigkeit sind also zueinander komplementär. Anders ausgedrückt:

Zu jeder Fuzzy-Menge $B \in F(X)$ gilt für *die* Fuzzy-Untermenge $U_B \in FF(X)$ und *die* Fuzzy-Obermenge $O_B \in FF(X)$:

$$U_B = \overline{O_B}.$$

1.5. Trianguläre Normen

Der Durchschnitt von gewöhnlichen Mengen, $\cap$ ist eine andere Schreibweise für das logische und. Für gewöhnliche Mengen A,B meint man mit $A \cap B$ ja jene Elemente, die in A und in B liegen. Eine Verallgemeinerung des für gewöhnliche Mengen definierten Durchschnitts zum Durchschnitt von Fuzzy-Mengen kann dann auch als eine Verallgemeinerung des logischen und gesehen werden. Man kann offensichtlich den für Fuzzy-Mengen definierten $\cap$ selbst als Fuzzy-Menge $\wedge_M$ von $E^2 = I \times I = [0,1] \times [0,1]$, dem Einheitsquadrat, auffassen:

$$\wedge_M : \quad [0,1] \times [0,1] \rightarrow [0,1]$$
$$(a,b) \quad \rightarrow \quad \min\{a,b\}.$$

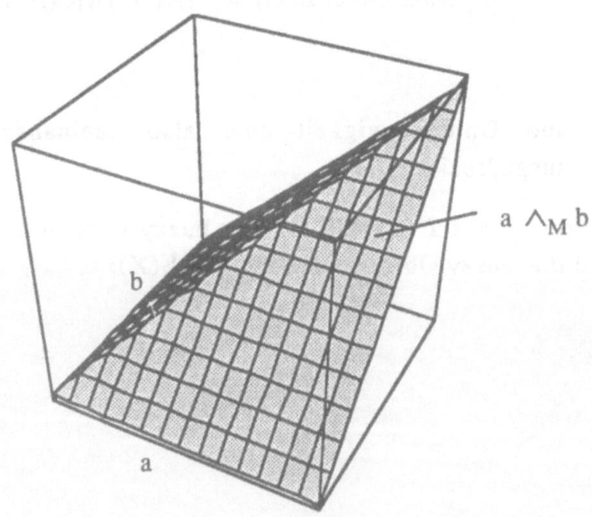

Bild 1-12: Versinnbildlichung des fuzzylogischen ´und´, welches den Begriff des Durchschnittes $\wedge_M$ beliebiger Fuzzy-Mengen vermittelt. Dieses ´und´ ist selbst Fuzzy-Menge von E^2.

Nun stellt E^2, wie wir gesehen haben, ja aber selbst die Menge aller Fuzzy-Mengen auf einer zweielementigen Grundmenge $\{\alpha, \omega\}$ dar. Die Durchschnittsbildung in $E^2 = F(\{\alpha, \omega\})$ entspricht dann genau unserem $\wedge_M$. D.h., man kann die Durchschnittsbildung beliebiger Fuzzy-Mengen von X einfach als Fortsetzung der in dem ´genormten´ Bereich E^2 definierten Durchschnittsbildung ansehen:

$$\wedge_M : F(X) \times F(X) \to [0,1]$$

$$(A,B) \to \wedge_M(A,B) \quad \text{mit} \quad \wedge_M(A,B)(x) := \wedge_M(A(x),B(x))$$
$$= \min \{A(x),B(x)\} \text{ für } x \in X.$$

Wir sehen also $\wedge_M = \cap$. In E^2 hat man naturgemäß auch die Negation $\neg(a,b) = (1\text{-}a, 1\text{-}b)$ und die Vereinigung $\cup(a,b) = \neg(\cap(\neg(a,b)))$. Die Fortsetzung der Vereinigung (auf Fuzzy-Mengen von X), die für gewöhnliche Mengen dem ´oder´ entspricht, bezeichnen wir mit $\vee_M$.

Die unter (1.3-b) erwähnte De Morgansche-Regel nimmt so die bemerkenswerte Gestalt

$$\vee_M = \neg \circ \wedge_M \circ \neg \; : \; E^2 \to E^2 \to [0,1] \to [0,1] \text{ an.} \qquad \text{(1.5-a)}$$

Für die Fortsetzung des in E^2 definierten $\vee_M$ gilt

$$\vee_M : F(X) \times F(X) \to [0,1]$$

$$(A,B) \to \vee_M(A,B) \quad \text{mit} \quad \vee_M(A,B)(x) := \vee_M(A(x),B(x))$$
$$= \max \{A(x),B(x)\} \text{ für } x \in X.$$

Bild 1-13 stellt $\vee_M$ als Element von $F(E^2)$ dar.

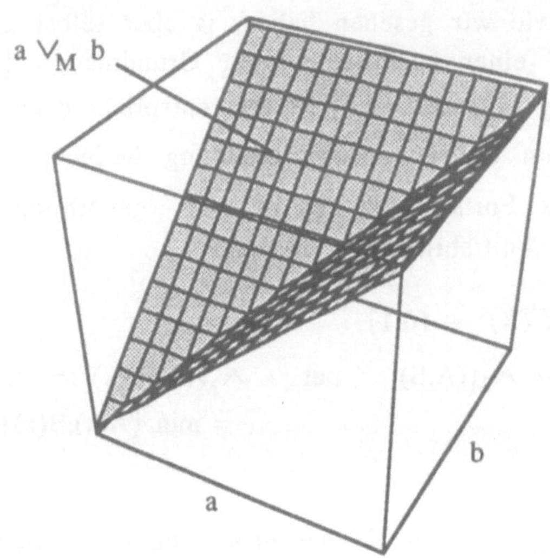

Bild 1-13: Versinnbildlichung des fuzzylogischen ´oder´, welches den Begriff der ´Vereinigung´, $\vee_M$, beliebiger Fuzzy-Mengen vermittelt. Dieses ´oder´ ist selbst Fuzzy-Menge von E^2.

Die Minimumsnorm $\wedge_M$ sowie $\vee_M$ sind nun aber beileibe nicht die einzigen sinnvollen Verallgemeinerungen des logischen ´und´ bzw des logischen ´oder´. Für solche Verallgemeinerungen, $\wedge$, verlangen wir (intuitiv) mindestens folgende Eigenschaften:

$$(1.5\text{-}b)$$

(i) $a \wedge 1 = a$,

(ii) $a \wedge b \leq a´\wedge b´$,   wenn $a \leq a´$ und $b \leq b´$ (Monotonie)

(iii) $a \wedge b = b \wedge a$,   (Kommutativität)

(iv) $(a \wedge b) \wedge c = a \wedge (a \wedge c)$ (Assoziativität)

(v) $a \vee b = \overline{a´} \,\overline{\wedge}\, \overline{b´}$ (De Morgan-Regel)

Ein $\wedge$, welches diesen Bedingungen genügt, nennen wir *t-Norm* oder trianguläre Norm. (v) kann man auch einfach als aus dem $\wedge$ abgeleitete Definition des $\vee$ nehmen.

Man sieht unmittelbar:

$$a \wedge 0 = 0, \quad a \vee 1 = 1, \quad a \vee 0 = a \tag{1.5-c}$$

Eine t-Norm verallgemeinert das gewöhnliche und :

$$0 \wedge 0 = 0, 1 \wedge 0 = 0, 0 \wedge 1 = 0, 1 \wedge 1 = 1.$$

Mithilfe des gewöhnlichen und wird das gewöhnliche Cartesische Produkt von gewöhnlichen Mengen $A \in P(X)$, $B \in P(Y)$ definiert :

$$A \times B := \{ (x,y) / x \in A \text{ und } y \in B \}.$$

D.h. für die charakteristischen Funktionen :

$$(A \times B)(x,y) := {'}A(x) \text{ und } B(y){'} := A(x) \wedge B(y) !$$

Die rechte Seite dieses Ausdrucks ist aber auch für beliebige Fuzzy-Mengen $A \in F(X)$, $B \in F(Y)$ sinnvoll. Wir nehmen sie daher als Definition des Cartesischen Produktes von Fuzzy-Mengen. Jede t-Norm $\wedge$ gibt also Anlaß zu einem $\wedge$-Cartesischen Produkt von Fuzzy-Mengen. Statt der Schreibweise $A \times B$ schreiben wir gelegentlich, um Verwechslungen zu vermeiden, auch $A \times_{\wedge} B$. Das $\wedge$-Cartesische Produkt von endlich vielen Fuzzy-Mengen $\{ A_i / i = 1,...,n \}$ wird mit $\times A_i$ bezeichnet.

Als $\wedge$-Durchschnitt von Fuzzy-Mengen $A,B \in F(X)$ definieren wir :

$$A \wedge B := A \times B_{/D} . \text{ (Restriktion von } A \times B \text{ auf die Diagonale von } X \times X.)$$
$$(A \wedge B)(x) := (A \times B)(x,x).$$

Zusätzlich zur Minimumsnorm $\wedge_M$ führen wir nun weitere t-Normen ein:

Produktnorm;

$$(1.5\text{-}d)$$

$$\wedge_P : \quad [0,1]\times[0,1] \;\to\; [0,1] , \qquad \vee_P : \quad [0,1]\times[0,1] \;\to\; [0,1]$$
$$(a,b) \;\to\; a.b \qquad\qquad\qquad (a,b) \;\to\; a + b - a.b$$

Lukasiewicz-Norm;

$$(1.5\text{-}e)$$

$$\wedge_L : \quad [0,1]\times[0,1] \;\to\; [0,1] , \qquad \vee_L : \quad [0,1]\times[0,1] \;\to\; [0,1]$$
$$(a,b) \to \quad \max \{ a + b - 1, 0 \} \qquad\qquad (a,b) \to \quad \min \{ a + b, 1 \}$$

Wenn für eine t-Norm $\wedge$ aus $a \wedge b = 0$ zwangsläufig folgt,

$a = 0$ oder $b = 0$, dann nennt man $\wedge$ nullteilerfrei. $\wedge_P$ und $\wedge_M$ sind offensichtlich nullteilerfrei. $\wedge_L$ ist offensichtlich nicht nullteilerfrei :

$$\frac{1}{3} \wedge_L \frac{1}{4} \;=\; \max \{ \frac{1}{3} + \frac{1}{4} - 1, 0 \} \;=\; \max\{ \frac{-5}{12}, 0 \} \;=\; 0 .$$

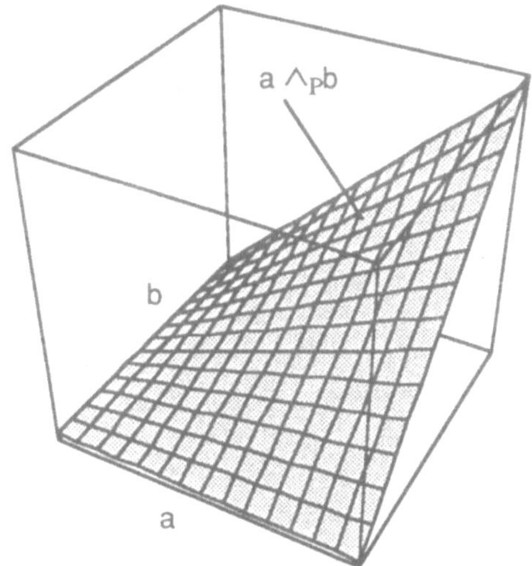

Bild 1-14: Darstellung der Produktnorm $\wedge_P$.

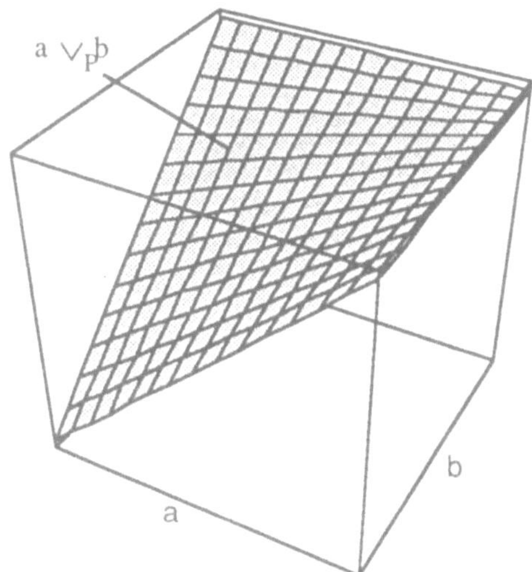

Bild 1-15: Darstellung des Produkt-oder $\vee_P$.

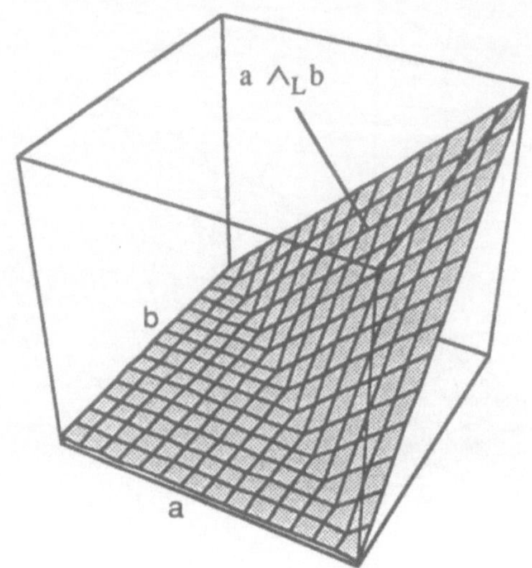

Bild 1-16: Darstellung der Lukasiewicz-Norm $\wedge_L$.

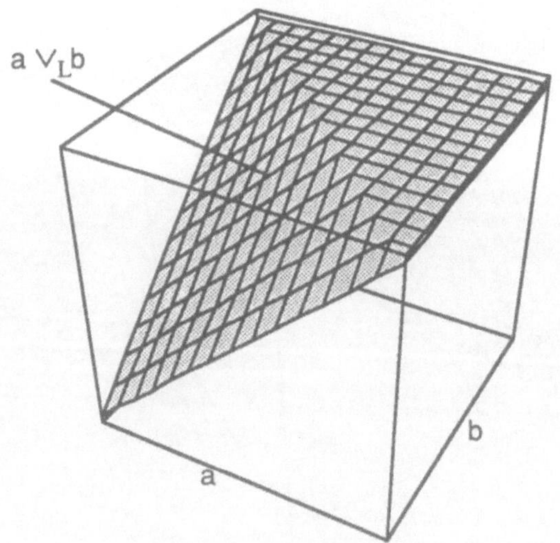

Bild 1-17: Darstellung des Lukasiewicz-oder $\vee_L$.

Es gilt : $a \wedge_L b \leq a \wedge_P b \leq a \wedge_M b$,   wenn $a,b \in (0,1)$ sogar

$a \wedge_L b < a \wedge_P b < a \wedge_M b$.

Fassen wir die $\wedge_M, \vee_M, \wedge_P, \vee_P, \wedge_L, \vee_L$ als Fuzzy-Mengen aus $F(E^2)$ auf, so können wir schon aus den bildlichen Darstellungen das gültige Diagramm ablesen :

$$(1.5\text{-}f)$$

$$
\begin{array}{ccccc}
\wedge_L & \subset & \wedge_P & \subset & \wedge_M \\
\cap & & \cap & & \cap \\
\vee_L & \supset & \vee_P & \supset & \vee_M
\end{array}
$$

Zwischen der L-t-Norm und der M-t-Norm besteht der Zusammenhang:

$$(a \wedge_L \overline{b^1}) \wedge_M (\overline{a^1} \wedge_L b) = 0 \qquad\qquad (1.5\text{-}g)$$

Beweis: Unmittelbar einzusehen aus
$\min \{ \max \{ a - b, 0 \}, \max \{ b - a , 0 \} \} = 0$.

Man sollte unbedingt die Besonderheit der Lukasiewicz-Norm beachten, daß anders als bei der Produkt- und Minimumsnorm das sogenannte Widerspruchsfreiheitsgebot als auch das ´tertium non datur´ in gewandelter Form, nämlich auf (Wahrheits-)Werte zwischen 0 und 1 bezogen, gültig ist:

$$(1.5\text{-}h)$$

$a \wedge_L \overline{a^1} = 0$ sowie $a \vee_L \overline{a^1} = 1$.

Dagegen hüte man sich davor, mit $\wedge_L$ und $\vee_L$ distributiv zu rechnen, wie man es ja mit $\wedge_M$ und $\vee_M$ tun darf.

Die Abbildungen

$$(1.5\text{-}i)$$

$\wedge_L, \wedge_P, \wedge_M : [0,1]\times[0,1] \rightarrow [0,1]$ sind stetig.

1.6. Fuzzy-Arithmetik

Eine Abbildung $f : X_1 \times X_2 \times ... \times X_n \rightarrow Z$ induziert eine Abbildung

$$f : F(X_1) \times F(X_2) \times ... \times F(X_n) \rightarrow F(Z) \tag{1.6-a}$$
$$A = (A_1,...,A_n) \rightarrow f \circ A$$
$$\text{mit} \quad f \circ A(z) := \sup_{z=f(x_1,...,x_n)} (A_1 \times ... \times A_n)(x_1,...,x_n).$$

$f : F(X_1) \times F(X_2) \times ... \times F(X_n) \rightarrow F(Z)$ nennen wir die $\wedge$-*Fuzzy-Extension* von $f : X_1 \times X_2 \times ... \times X_n \rightarrow Z$.

Für den Fall, daß n = 1 und A eine gewöhnliche Menge ist, ist $f \circ A = f(A)$, also das Bild der Menge A in Z unter f.

Verlassen wir nun kurz unsere bisherige Voraussetzung, daß die Grundmengen endlich sein sollen, und nehmen als Grundmenge X die reellen Zahlen R. Wir unterliegen in diesem Fall geradezu einem selbstverständlichen fuzzytheoretischen Reflex, wenn wir unverzüglich fragen, ob man sinnvoll von Fuzzy-Zahlen sprechen kann. Unter derartigen Dingen stellen wir uns intuitiv Fuzzy-Mengen von R, wie in Bild 1-18 dargestellt, vor. Das wesentliche an Fuzzy-Zahlen oder etwas allgemeiner, *Fuzzy-Intervallen* ist, daß sie normiert und in folgendem Sinne konvex sind :

Eine Fuzzy-Menge A $\in F(R)$ ist $\wedge$-konvex, wenn für jedes Intervall

$[a,b] \subset R$ mit $x \in [a,b]$ $A(x) \geq A(a) \wedge A(b)$ folgt.

Ab jetzt sei $\wedge = \wedge_M$. Wir fahren also auf eingefahrenen Gleisen. Als Übungsaufgabe möge der Leser sich $\wedge_P$-konvexe und $\wedge_L$-konvexe Graphen vorstellen.

Ein Fuzzy-Intervall A ist also eine normierte konvexe Fuzzy-Menge von R. Der Kern eines Fuzzy-Intervalls, { x / A(x) = 1 }, ist stets ein gewöhnliches Intervall. Wenn dieses gewöhnliche Intervall zu einer reellen Zahl, a , entartet ist, dann nennen wir A eine Fuzzy-Zahl, ein fuzzy-a. Diese Begriffsbildung reflektiert die vielen Möglichkeiten, z.B. ´ungefähr fünf´ (fuzzy-fünf), ´ziemlich wenig ´ (fuzzy-null) zu sagen. Gewöhnliche reelle Zahlen sind natürlich auch Fuzzy-Zahlen; wir wissen ja, daß man R in $F(R)$ einbetten kann (s. (1.3-d)). Die ´natürliche´ Verallgemeinerung des Begriffes ´reelle Zahl´ im Sinne der Fuzzy Theorie ist eher durch den Begriff des Fuzzy-Intervalls als durch den einschränkenderen der Fuzzy-Zahl gegeben.

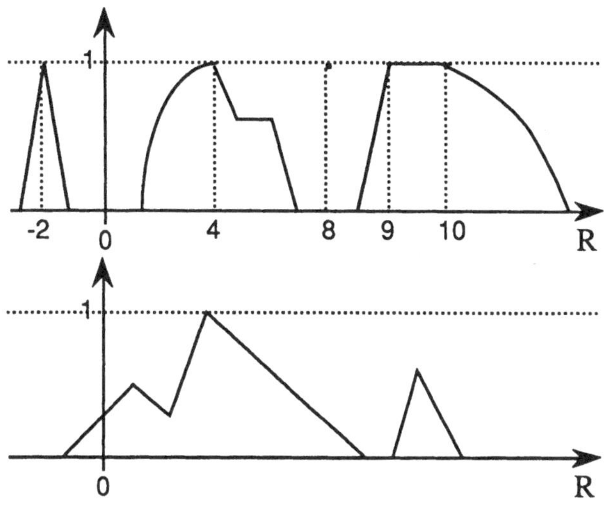

Bild 1-18 : Oben sind eine fuzzy-(-2), eine fuzzy-4, eine entartete fuzzy-8, d.h. eine reelle 8 und ein Fuzzy-Intervall fuzzy-[9,10] dargestellt. Die unteren Graphen repräsentieren keine Fuzzy-Intervalle, sie sind entweder nicht konvex oder nicht normal.

Nun stellt sich direkt die Frage, ob und wie man mit Fuzzy-Zahlen oder Fuzzy Intervallen rechnen kann.

Die Addition von reellen Zahlen fassen wir als Abbildung

$$(+): R \times R \rightarrow R$$

auf und bilden die Fuzzy-Extension dieser Abbildung:

$$(+)\quad (A,B)(z)\ =\ \sup_{z=x+y}\ (A\wedge B)(x,y)$$

$$=\ \sup_{z=x+y}\ A(x)\wedge B(y)\ =\ \sup_{z=x+y}\ \min\{A(x),B(y)\}.$$

Die so definierte Fuzzy-Menge von R, die im Falle, daß A,B Fuzzy-Intervalle sind,   auch wieder Fuzzy-Intervalle ergibt, nennen wir die Summe der Fuzzy-Intervalle A und B und schreiben hierfür dann A + B. Also

$$(A\ +\ B)(z)\ =\ \sup_{z=x+y}\ \min\{A(x),B(y)\}. \qquad (1.6\text{-}b)$$

Auf die gleiche Weise erhalten wir für das Produkt von Fuzzy-Intervallen

$$(A\ \circ\ B)(z)\ =\ \sup_{z=xy}\ \min\{A(x),B(y)\}. \qquad (1.6\text{-}c)$$

Für gewöhnliche reelle Zahlen erhalten wir natürlich die gewöhnliche Addition und Multiplikation zurück. Das Negative eines Fuzzy-Intervalls A definieren wir zu (-1)$\circ$ A.

$$((-1)\circ\ A)(z)\quad =\ \sup_{z=xy}\ \min\{(-1)(x),A(y)\}$$

$$=\ \sup_{z=-y}\ A(y)\ =\ A(-z)\ ;\ \text{also}$$

$$-A(z)\ =\ A(-z). \qquad (1.6\text{-}d)$$

Für eine reelle Zahl $a \in R$, $a \neq 0$, ergibt sich :

$$(a\ \circ\ A)(z)\ =\ \sup_{z=xy}\ \min\{a(x),A(y)\}\ =\ \sup_{z=ay}\ A(y)\ =\ A(\tfrac{z}{a})\ ;\ \text{also}$$

$$(a\ \circ\ A)(z)\ =\ A(\tfrac{z}{a})\ ,\quad 0\circ A := 0\ . \qquad (1.6\text{-}e)$$

$$(0 + A)(z) = \sup_{z=x+y} \min\{0(x), A(y)\} = \sup_{z=0+y} A(y) = A(z); \text{ also}$$

$$0 + A = A. \tag{1.6-f}$$

Unmittelbar aus den Definitionen kann man sich überzeugen, daß sowohl die Addition von Fuzzy-Intervallen als auch deren Multiplikation kommutativ und assoziativ ist. D.h. für Fuzzy-Intervalle A, B, C gilt:

$$A + B = B + A, \quad A \circ B = B \circ A \text{ sowie}$$
$$(A + B) + C = A + (B + C), \quad (A \circ B) \circ C = A \circ (B \circ C).$$

Für eine reelle Zahl $a \in R$, $a \neq 0$, gibt es stets eine inverse Zahl $\frac{1}{a}$. Nur wenn $a = 0$ ist, existiert diese nicht.

Die Extension der Abbildung

$$(1/): \quad R-\{0\} \to R$$
$$a \to \frac{1}{a}$$

ergibt für Fuzzy-Intervalle aus $F(R-\{0\})$ stets wieder ein Fuzzy-Intervall. (Fuzzy-Intervalle aus $F(R-\{0\})$ sind Intervalle $A \in F(R)$ mit $A(0) = 0$.)

$$\tag{1.6-g}$$

$$\frac{1}{A}(z) = \sup_{z=1/y} A(y) = A(\frac{1}{z}) \text{ wenn } z \neq 0, \quad \frac{1}{A}(0) := 0.$$

Als Quotienten zweier Fuzzy-Intervalle A und B definieren wir, wenn $\frac{1}{B}$ als Fuzzy-Intervall existiert:

$$A/B := A \circ \frac{1}{B}. \tag{1.6-h}$$

Es gilt auch:

$$\frac{1}{A \circ B} = \frac{1}{A} \circ \frac{1}{B}$$

Für Fuzzy-Intervalle gilt **nicht** A – A = 0 und A/A = 1 ! Gleichungen der Art   A + X = B   sind für Fuzzy-Intervalle nicht im allgemeinen auflösbar. Dies gilt ja schon für gewöhnliche Intervalle; offensichtlich hat die Gleichung   [2,3] + [x,y] = [1,2]   keine Lösung nach [x,y].

Für Fuzzy-Intervalle A,B,C gilt stets

$$A \circ (B+C) \subseteq (A \circ B) + (A \circ C). \qquad\qquad (1.6\text{-}i)$$

Wenn hingegen sowohl A als auch B+C Fuzzy-Intervalle aus $F(\text{R}-\{0\})$ sind, dann gilt sogar

$$A \circ (B+C) = (A \circ B) + (A \circ C).$$

Mit der so beschriebenen Arithmetik der Fuzzy-Intervalle ist eine Verallgemeinerung der bereits in den 60-er Jahren entwickelten Intervallarithmetik gegeben.*

Ersetzt man in allen Ausdrücken von   (1.6-b)   bis   (1.6-i) den Begriff Fuzzy-Intervall durch den Begriff Fuzzy-Zahl, so bleiben sämtliche Konstruktionen und Aussagen richtig. Wir sprechen wieder von einer Arithmetik, diesmal von der Arithmetik der Fuzzy-Zahlen. Man kann allerdings gut die Meinung vertreten, daß die Arithmetik der Fuzzy-Intervalle die eigentlich bedeutsame Verallgemeinerung der reellen Arithmetik ist, zumal sie ja auch die Arithmetik der Fuzzy-Zahlen umfaßt.

Schränkt man aus praktischen Gründen den Bereich der ´zugelassenen´ Fuzzy-Intervalle ein, z.B. so, daß ihre Graphen stückweise linear sind (s. Bild 1-19), dann taucht das Problem auf, daß die entsprechenden Mengen von zugelassenen Fuzzy-Intervallen nicht abgeschlossen bezogen auf die interessierenden Fuzzy-Rechenoperationen sind. Das bedeutet, daß die Algorithmen der Elementaroperationen, Addition,   Multiplikation und deren Umkehrungen, wenn sie aus Vereinfachungsgründen speziell auf die Eigenarten der zugelassenen Fuzzy-Intervalle zugeschnitten wurden, auf Rechen-

---

* siehe zur Intervallarithmetik   Moore 1966.

ergebnisse nicht wieder angewendet werden können. Man behilft sich in solchen Fällen dadurch, daß man ein eventuell ´nichtzugelassenes´ Rechenergebnis durch ein angenähertes zugelassenes ersetzt.

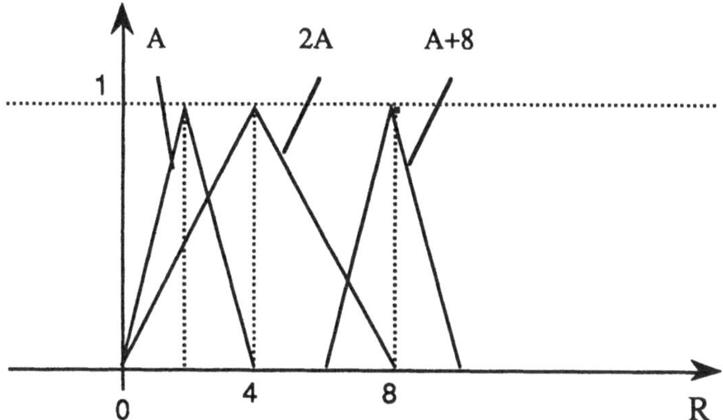

Bild 1-19:   Addition von Fuzzy-Zahlen.

1.7. Zusammenfassung

Der Begriff 'Fuzzy-Menge von einer Menge X´ ist eine Verallgemeinerung des Begriffes 'Menge von einer Menge X´. Das bedeutet,
daß Mengen auch Fuzzy-Mengen sind. Fuzzy-Mengen lassen sich bei
endlichem Grundbereich X als Punkte eines hinreichend hoch
dimensionierten Einheitswürfels E^n ansehen. (Seine Dimension n entspricht gerade [X], der Anzahl der Elemente von X). Dieser Einheitswürfel repräsentiert die Menge der Fuzzy-Mengen von X - F(X). Die
Eckpunkte des Würfels repräsentieren die (gewöhnlichen) Mengen von
X - P(X).   Diese Zusammenhänge fassen wir zusammen zu dem Ausdruck : $F(X) \cong E^n \supset]E^n[\cong P(X)$ mit   n = [X].

Für Fuzzy-Mengen lassen sich die Operationen gewöhnlicher Mengen,
wie Durchschnitt, Vereinigungsbildung, Komplementbildung, verallgemeinern. Diese dann für Fuzzy-Mengen definierten Operationen lassen
sich anschaulich als Zuordnungen von Würfelpunkten darstellen.

Der gewöhnliche Begriff der Untermengigkeit von Mengen wird
nicht verallgemeinert, da er zu rigoros ist. Statt dessen entwickelt man
die Auffassung, daß jede Fuzzy-Menge A Fuzzy-Untermenge von jeder
Fuzzy-Menge B zu einem Grade U(A,B) ist. Die Abbildung, U_B , die bei
fester Fuzzy-Menge B jeder Fuzzy-Menge A $\in F$(X) den Grad zuordnet,
zu dem A Fuzzy-Untermenge von B ist, wird die Fuzzy-Untermenge von
B genannt : $U_B \in FF$(X).   Dies gibt auch Sinn für gewöhnliche Mengen.
Den Grad, zu dem eine Fuzzy-Menge A Fuzzy-Untermenge einer Fuzzy-
Menge B ist, definieren wir zu

$$U(A,B) := \frac{[A \cap B]}{[A]} .$$

Die verschiedenen Verallgemeinerungen der Operationen gewöhnlicher
Mengen, wie Durchschnitt, Vereinigungsbildung, Komplementbildung,
lassen sich selbst als spezielle Fuzzy-Mengen begreifen, die den Bedingungen für trianguläre Normen genügen; sie sind von dem Begriff
'Fuzzy-Menge´ schon umfaßt.

Jede t-Norm induziert einen $\wedge$-spezifisches Cartesisches Produkt von Fuzzy-Mengen.

$A{\times}B : X{\times}Y \to [0,1]$
$(A{\times}B)(x,y) := A(x)\wedge B(y).$

Mithilfe des $\wedge$-Cartesischen Produktes von Fuzzy-Mengen kann dann eine $\wedge$-Verallgemeinerung des gewöhnlichen Durchschnittes von gewöhnlichen Mengen konstruiert werden :

$A{\wedge}B := A{\times}B_{/D}$. (Restriktion von $A{\times}B$ auf die Diagonale von $X{\times}X$.)
$(A{\wedge}B)(x) := (A{\times}B)(x,x).$

Der Begriff des $\wedge$-Cartesischen Produktes von Fuzzy-Mengen ermöglicht es in kanonischer Weise, jede Abbildung $\quad f : \; X_1{\times} X_2 {\times} ... {\times} X_n \to \; Z$ zu einer Abbildung

$$f : \; F(X_1){\times}F(X_2){\times}...{\times}F(X_n) \to \; F(Z)$$

$\wedge$-spezifisch fortzusetzen. Diese Fortsetzung ist die $\wedge$-Extension der vorgegebenen Abbildung f.

Als Abschluß dieses einführenden Kapitels warfen wir einen Blick auf die Fuzzy-Arithmetik. Wenn man akzeptiert, daß fast alle gemessenen physikalischen Größen fehlerbehaftet sind, so erscheint das Rechnen mit reellen Intervallen statt mit reellen Zahlen adäquater zu sein. Die etablierte Intervallarithmetik umfaßt das Rechnen mit rellen Zahlen als ein Rechnen mit entarteten Intervallen. Mithilfe der hier so genannten Fuzzy-Extension ($\wedge_M$-Extension) wird das Rechnen mit reellen Zahlen zum Rechnen mit Fuzzy-Mengen von R fortgesetzt. Man erhält so eine Fuzzy-Addition und eine Fuzzy-Multiplikation von Fuzzy-Mengen. Die gewohnten Rechenregeln, Kommutativität und Assoziativität, gelten auch für diese Addition und Multiplikation. Unter gewissen Einschränkungen kann auch distributiv gerechnet werden.

Die Menge der Fuzzy-Intervalle ist gegenüber der Fuzzy-Addition und der Fuzzy-Multiplikation abgeschlossen. D.h. Summe und Produkt von Fuzzy-Intervallen ergeben stets wieder Fuzzy-Intervalle. Das gleiche gilt für eine spezielle Teilmenge der Menge der Fuzzy-Intervalle, den Fuzzy-Zahlen. Aus rechentechnischen Gründen wird in der Praxis die Menge der 'zugelassenen' Fuzzy-Intervalle eingeschränkt. Man steht dann regelmäßig vor dem Problem, daß die elementaren Rechenoperationen von Fuzzy-Intervallen in der eingeschränkten Menge nicht abgeschlossen sind. Man ist dann bei der Weiterverwendung von Rechenergebnissen auf näherungsweises Ersetzen der 'nichtzugelassenen' Ergebnisse durch 'zugelassene' Fuzzy-Intervalle angewiesen.

2.   Fuzzy-Lukasiewicz - Theorie

2.0.   Übersicht

In diesem Kapitel werden wir den Grad, Sub(A,B), zu dem eine Fuzzy-Menge A einer anderen Fuzzy-Menge B subsumiert werden kann, als Mittelwert der Grade kennenlernen, mit denen aus der graduellen Mitgliedschaft in A die graduelle Mitgliedschaft in B folgt. Diesen Mittelwert werden wir als 'Fuzzy-Subsumption' bezeichnen. Motiviert hierzu sind wir von einem älteren Implikationsbegriff, der Lukasiewicz-Implikation. Diese verbindet in ganz bestimmter Weise zwei Aussagen A und B, deren graduelle Wahrheitswerte a und b sein mögen, implikativ miteinander: Wahrheitswert $(A \Rightarrow B)$:= min { b - a + 1, 1 }. In engem Zusammenhang mit der Lukasiewicz-Implikation stehen unsere schon in Kap 1.5. erörterten Konnektoren $\wedge_L$ und $\vee_L$. Die Fuzzy-Mengen von einer Menge X, $F(X)$, mit der durch diese Konnektoren und der üblichen Komplementierung gegebenen Struktur, nennen wir den Lukasiewicz-Verband $(F(X), \wedge_L, \vee_L, \neg)$. Wir werden viele Besonderheiten dieses Verbandes kennennlernen. Als stärkste von diesen werden wir

$$U(A,B) = Sub(A,B)$$

nachweisen.

Im zweiten Abschnitt setzen wir das bereits im ersten Kapitel begonnene Programm fort, uns von der klassischen Unbedingtheit der Subsumption 'entweder ist $A \subset B$ oder $A \not\subset B$' zu erholen. Genauso, wie es im ersten Abschnitt gelang, sinnvoll davon zu sprechen, zu welchem Grade eine Menge Untermenge einer anderen ist, werden wir nun auch von dem Grade sprechen, zu dem Fuzzy-Mengen einander gleich, d.h. ähnlich, sind. Die Ähnlichkeit zweier Fuzzy-Mengen kann man, ohne zu verkrampfen, als den Grad begreifen, zu dem die Vereinigung der beiden Fuzzy-Mengen in ihrem Durchschnitt enthalten ist. Offensichtlich ergibt sich für gleiche Mengen die maximale Ähnlichkeit 1.
Die Antwort auf die Frage, wie ähnlich eine Fuzzy-Menge mit ihrem Gegenteil, ihrem Komplement, ist, führt uns zu dem Begriff der *Vagheit*

einer Fuzzy-Menge, der gewissermaßen mißt, wie fuzzy eine Fuzzy-Menge ist.

Im dritten Abschnitt nutzen wir den Schwung, den wir durch die Idee gewonnen haben, eine Ähnlichkeitsrelation in einer Menge F - in Verallgemeinerung gewöhnlicher Relationen - nicht als Menge von F×F, sondern als Fuzzy-Menge von F×F aufzufassen. Wir sehen ganz analog Fuzzy-Ordnungsrelationen in einer Menge X auch als Fuzzy-Mengen von X×X an. Da Ordnungseigenschaften von Relationen üblicherweise mithilfe der logischen Begriffe ´und´ und ´oder´ formuliert werden, hängen diese, wenn man sie fuzzifiziert, inhaltlich stark davon ab, wie ´und´ und ´oder´ definiert worden sind. Nimmt man nun wieder die Lukasiewicz-Formulierung für die mit ´und´ und ´oder´ verbundenen Wahrheitswerte   a und b

$$a \wedge_L b := \max \{ a + b - 1, 0\}, \quad a \vee_L b := \min \{ a + b, 0 \},$$

so erhält man eine überzeugend glatte Verallgemeinerung der gewöhnlichen Ordnungslehre. Auch hier leitet man aus einer vollständigen schwachen Fuzzy-Ordnung eine starke Fuzzy-Ordnung, die Präferenzrelation ab, die von selbst transitiv ist.

Zum Schluß des Kapitels, gewissermaßen als intellektuelle Anwendung, wird das Konzept der vagen Gleichheit, der Ähnlichkeit, auf das sogenannte Poincarésche Paradox angesetzt. Man wird sehen, wie einfach und natürlich sich die Angelegenheit im Rahmen der Fuzzy-Notationen darstellt.

Alles in allem wäre der Autor hochbefriedigt, wenn es ihm gelungen sein sollte, den Leser davon zu überzeugen, daß die nicht ganz taufrischen, ursprünglich in ganz anderen Zusammenhängen entwickelten Reflektionen zur Lukasiewicz-Implikation, nicht nur äußerst interessante Beiträge für eine ´Viel-Wahrheitswerte-Logik´ liefern. In der hier vindizierten Formulierung erscheinen diese Reflektionen geradezu als Lukasiewicz-Fuzzy-Theorie, die dann wegen des erheblichen Potentials an neuen Ideen der Fuzzy-Theorie doch mehr ist als eine Marginalie für Spezialisten. Letztlich kann man wohl nicht umhin, den

Standpunkt einzunehmen, daß Fuzzy-Theorie eben Lukasiewicz-Fuzzy-Theorie ist, und alle nicht-lukasiewiczartigen Konstruktionen sehr spezielle Abweichungen darstellen, deren Apologie im Einzelfall mit Interesse zur Kenntnis genommen werden kann.

2.1. Fuzzy-Untermengigkeit als Fuzzy-Subsumption

Wie man im vorigen Kapitel gesehen hat, gibt es ganz verschiedene von t-Normen $\wedge$: $[0,1]\times[0,1] \to [0,1]$ implizierte 'Durchschnitte' von Fuzzy-Mengen, die, auf gewöhnliche Mengen angewendet, die gewöhnlichen Durchschnitte ergeben. Für alle diese Durchschnitte $\wedge$ verlangt man mindestens folgende Eigenschaften :

$$(2.1\text{-a})$$

i $A \wedge X = A,$

ii $A \wedge B \subseteq A' \wedge B',$ wenn $A \subseteq A'$ und $B \subseteq B',$

iii $A \wedge B = B \wedge A,$

iv $(A \wedge B) \wedge C = A \wedge (B \wedge C)$

Zu einem Durchschnitt gibt es stets eine passende 'Vereinigung'

v $A \vee B := \overline{\overline{A} \wedge \overline{B}}$ (oder gleichbedeutend $A \overline{\vee} B = \overline{A} \wedge \overline{B}$).

Hier nocheinmal der Hinweis; die t-Norm $\wedge$ impliziert den Durchschnitt von Fuzzy-Mengen $A \wedge B$ 'punktweise':

$$A \wedge B : X \to [0,1], \quad (A \wedge B)(x) = A(x) \wedge B(x).$$

Wenn $\wedge$ eine t-Norm ist, so nennen wir $F(X)$, ausgestattet mit dieser t-Norm, $\wedge$-Verband, und bezeichnen ihn als $(F(X),\wedge,\vee,\neg)$.

Man sieht sofort aus (1.5-c) :

$$A \wedge \varnothing = \varnothing, \quad A \vee \varnothing = A, \quad A \vee X = X.$$

Die bisher für den Durchschnitt und die Vereinigung von Fuzzy-Mengen benutzten Operationen $\cap$ und $\cup$ genügen natürlich den Bedingungen (2.1-a). $(F(X),\cap,\cup,\neg)$ ist also der $\cap$-Verband.

Bezogen auf die allgemeinen Durchschnitte $\wedge$ und Vereinigungen $\vee$, die den Bedingungen (2.1-a) genügen, führen wir nun eine weitere Operation $\Rightarrow$, die Implikation, ein:

$$A \Rightarrow B := \overline{A} \vee B. \tag{2.1-b}$$

Falls $\vee = \cup$ schreiben wir für $\Rightarrow$ in der Regel $\rightarrow$.

Für gewöhnliche Mengen $A,B \in P(X)$ erhält man wegen

$$(A \Rightarrow B)(x) = \overline{A}(x) \vee B(x) = (1-A(x)) \vee B(x)$$

die bekannte Wahrheitstafel der elementarlogischen Implikation:

$$
\begin{array}{cc|cc}
 & & \multicolumn{2}{c}{B(x)} \\
 & \Rightarrow & 0 & 1 \\
\hline
A(x) & 0 & 1 & 1 \\
 & 1 & 0 & 1 \\
\end{array}
$$

Die Abbildung

$$\overset{\downarrow}{U}_B : P(X) \rightarrow \{0,1\}, \quad \overset{\downarrow}{U}_B(A) := \inf_{x \in A} \{A(x) \Rightarrow B(x)\}$$

gibt an, ob eine gewöhnliche Menge $A \subset X$ im gewöhnlichen Sinne Untermenge von B ist oder nicht.

Nehmen wir nun für gewöhnliche Mengen statt des Infimums auf A das Mittel

$$\operatorname*{mean}_{x \in A}\{A(x) \rightarrow B(x)\} = \frac{[A \cap (A \rightarrow B)]}{[A]}, \quad \text{so}$$

erhalten wir wegen

$$A \cap (A(x) \rightarrow B(x)) = A \cap (\overline{A} \cup B) = (A \cap \overline{A}) \cup (A \cap B) = A \cap B$$

$$\underset{x \in A}{\mathbf{mean}}\{A(x) \rightarrow B(x)\} = \frac{[A \cap B]}{[A]} = U(A,B).$$

Das ist unsere im Abschnitt 1.4 bereits eingeführte Untermengigkeit gewöhnlicher Mengen als relativer Anteil der Mengenelemente von A, die auch in B liegen.

Es liegt nun nahe, in $(F(X), \wedge, \vee, \neg)$ für $A,B \in F(X)$ zu definieren:

$$\mathbf{mean}_A B := \frac{[A \wedge B]}{[A]} =: U_\wedge(A,B) \qquad (2.1\text{-}c)$$

D.h., wir hätten für jede t-Norm $\wedge$ einen Untermengigkeitsgrad. Diese Schreibweise, $U_\wedge(A,B)$, erinnert daran, daß der eingeführte Begriff relativ zu der jeweils verwendeten t-Norm zu verstehen ist! Bezüglich der zuerst verwendeten Minimumsnorm $\cap = \wedge_M$ kann man schreiben

$$U(A,B) = U_\cap(A,B) = U_M(A,B).$$

Nach diesen Vorbereitungen führen wir für beliebigen $\wedge$-Verband den Begriff 'Subsumption' ein:

$$\mathbf{Sub}(A,B) := \mathbf{mean}_A A \Rightarrow B = \frac{[A \wedge (A \Rightarrow B)]}{[A]}. \qquad (2.1\text{-}d)$$

Auch bei dieser Definition machen wir uns klar, daß sie sich auf eine t-Norm $\wedge$ bezieht:

$$\mathbf{Sub}(A,B) =: \mathbf{Sub}_\wedge(A,B) = U_\wedge(A, A \Rightarrow B) = U_\wedge(A, \overline{A} \vee B)$$

Man erhält also für beliebigen $\wedge$-Verband $(F(X), \cap, \cup, \neg)$ einen Subsumptionsgrad, der auf gewöhnliche Mengen angewendet den relativen Anteil der Elemente, die in beiden Mengen gleichzeitig enthalten sind, zu den Elementen, die nur in der einen Menge enthalten sind, angibt. Sub(A,B) ist also eine Verallgemeinerung des Begriffes ´relative Häufigkeit´ bzw. des Mittelwertes so, daß er auch für Fuzzy-Mengen definiert ist.

Wir nehmen jetzt für $\wedge$ und $\vee$ die Lukasiewicz-Definitionen $\wedge_L$ und $\vee_L$ gemäß (1.5-e):

$$\text{(2.1-e)}$$

$$A \vee B : X \to [0,1]$$

$$(A \vee B)(x) := A(x) \vee B(x) := \min \{A(x)+B(x),1\}$$

$$A \wedge B : X \to [0,1]$$

$$(A \wedge B)(x) := A(x) \wedge B(x) := \max \{A(x)+B(x)-1,0\}.$$

Für die so definierten Durchschnitte $\wedge$ und Vereinigungen $\vee$ sind die Bedingungen (2.1-a) erfüllt. Andere Eigenschaften, die wir von $\cap$ und $\cup$ gewohnt sind, gelten nicht mehr! Wir können uns nicht mehr darauf verlassen, daß $A \wedge A = A$, $A \vee A = A$, insbesondere nicht auf

$$A \vee (B \wedge C) = (A \vee B)\wedge(A \vee C) \quad \text{und}$$

$$A \wedge (B \vee C) = (A \wedge B)\vee(A \wedge C) \quad \text{(Distributivität)}.$$

Man wird jedoch großzügig entschädigt. Denn es gilt wegen (1.5-h):

$$A \wedge \overline{A} = \emptyset \quad \text{und} \quad \overline{A} \vee A = X. \qquad \text{(2.1-f)}$$

Auf das gewohnte ´tertium non datur´ $\overline{A} \vee A = X$ und die sogenannte Widerspruchsfreiheit $A \wedge \overline{A} = \emptyset$ brauchen wir bei Lukasiewicz also nicht zu verzichten.

Man überzeugt sich aus (1.5-f) auch leicht von :

$$A \cup B \subset A \vee B \quad \text{und} \quad A \wedge B \subset A \cap B.$$

Für $\wedge$ und $\vee$ gilt nicht mehr, daß $A(x)\wedge B(x)$, $A(x)\vee B(x) \in \{A(x),B(x)\}$. $A\wedge B$, $A\vee B$ hängen punktuell von beiden Zugehörigkeitsgraden gleichzeitig ab. Deshalb nennt man $\wedge$ und $\vee$ auch ´interaktive´ Durchschnitts- und Vereinigungsbildungen.

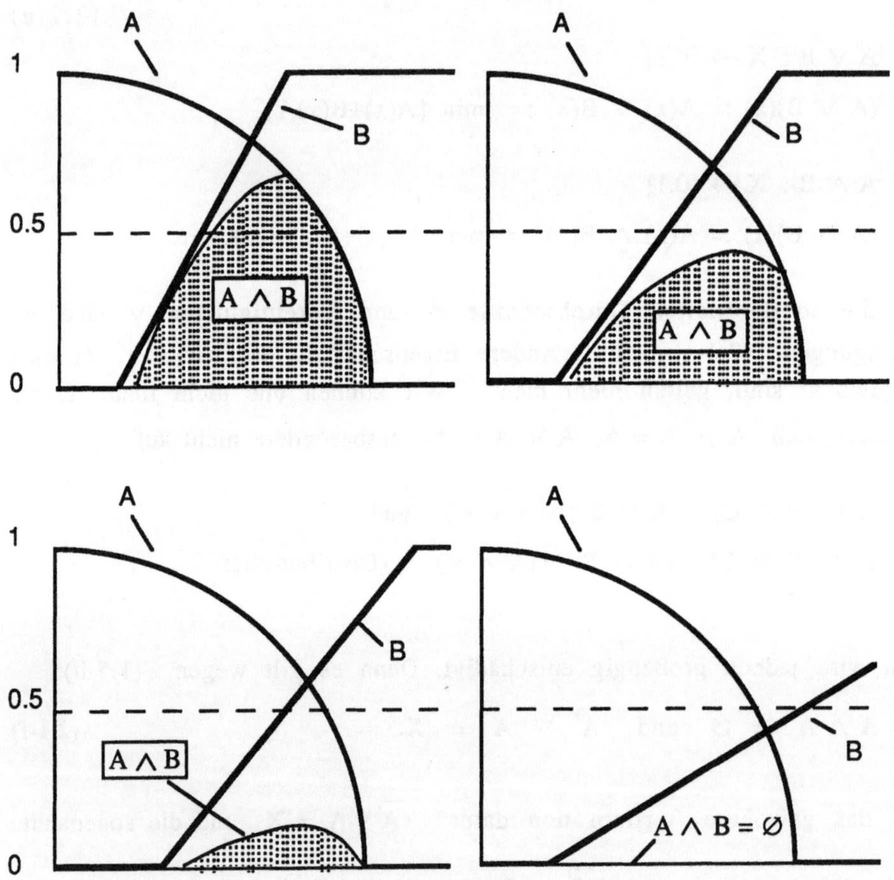

Bild 2-1: Der Durchschnitt ´$\wedge$´ von Fuzzy-Mengen. Man sieht rechts unten, $A \wedge B = \emptyset$, auch wenn $A,B \neq \emptyset$.

Wie sieht nun der gemäß (2.1-b) gebildete Implikator $\Rightarrow$ aus?

$$A \Rightarrow B : X \rightarrow [0,1] \hspace{4cm} \textbf{(2.1-g)}$$
$$(A \Rightarrow B)(x) = \min \{1, 1-A(x)+B(x)\},$$

da ja

$$(A \Rightarrow B)(x) = \overline{A}(x) \vee B(x) = (1-A(x)) \vee B(x) = \min \{1, 1-A(x)+B(x)\}.$$

Da Lukasiewicz diesen Implikator schon in den 20-er Jahren in die Diskussion gebracht hat[*], nennen wir $\Rightarrow$ die Lukasiewicz-Implikation. Wir, die Adepten der Fuzzy-Theorie begreifen nun sehr spät, wie weit Lukasiewicz uns vorausgeeilt war. Verbeugen wir uns daher bescheiden vor ihm und nennen $(F(X), \wedge, \vee, \neg)$ ($= (F(X), \wedge_L, \vee_L, \neg)$) den

Lukasiewicz-Verband.

Aus (1.5-g) läßt sich auch eine Beziehung zwischen dem Lukasiewicz-und , $\wedge$, und dem Minimums-und , $\cap$, in Bezug auf Fuzzy-Mengen $A, B \in F(X)$ herauslesen:

$$(A \wedge \overline{B}) \cap (\overline{A} \wedge B) = \varnothing$$

Zwischen $\Rightarrow$, $\wedge$ und $\cap$ besteht eine einfache Beziehung, die gewissermaßen an die Stelle der fehlenden Distributivität von $\wedge$ und $\vee$ tritt:

Für Fuzzy-Mengen A,B gilt stets

$$\textbf{A} \wedge (\textbf{B} \vee \overline{\textbf{A}}) (= \textbf{A} \wedge (\textbf{A} \Rightarrow \textbf{B})) = \textbf{A} \cap \textbf{B}. \hspace{2cm} \textbf{(2.1-h)}$$

Beweis:

$$A \wedge (B \vee \overline{A}) = A \wedge \min \{B + \overline{A}, X\} = A \wedge \min \{B-A+X, X\},$$

---

[*]   Lukasiewicz 1930

wenn $A(x) \geq B(x)$, dann folgt wegen
   min $\{B-A+X, X\}(x) = $ min $\{B(x)-A(x)+1,1\} = (B-A+X)(x)$

   $(A \wedge (B \vee \overline{A}))(x) = (A \wedge (B-A+X))(x) = $ max $\{A + B-A+X -X,0\}(x) =$
   $= B(x),$

wenn $A(x) < B(x)$, dann folgt wegen
   min $\{B-A+X, X\}(x) = $ min $\{B(x)-A(x)+1,1\} = 1 = X(x)$

   $(A \wedge (B \vee \overline{A}))(x) = (A \wedge X)(x) = A(x)$ q.e.d.

Im Lukasiewicz-Verband bekommt wegen (2.1-h) unsere graduelle Subsumption, Sub(A,B), aufgefaßt als Mittelwert $\text{mean}_A A \Rightarrow B$, *auch für Fuzzy-Mengen die einfache und schöne Gestalt*

$$\text{Sub}(A,B) \quad = \quad U(A,B) \quad (= \frac{[A \cap B]}{[A]}). \qquad (2.1\text{-}i)$$

Dasselbe in homogener Schreibweise :

$$U_L(A,A \Rightarrow B) = U_M(A,B) \; .$$

Kehren wir noch einmal auf den Pfad zurück, die durch **inf** * gegebene strikte Enthaltenseinsbeziehung für Fuzzy-Mengen zu verallgemeinern.

Die Verallgemeinerungen von $\overset{\downarrow}{U}$ für Fuzzy-Mengen $A,B \in F(X)$

$$\overset{\downarrow}{U}(A,B) := \overset{\downarrow}{U}_B(A) = \textbf{inf } \{A(x) \Rightarrow B(x)\}$$

---

* Einige Verallgemeinerungen von **inf** $\{A(x) \Rightarrow B(x)\}$ für spezielle Definitionen von $\wedge$ und $\vee$ werden von Bandler 1980 untersucht. Wir gingen hier ja einen ganz anderen Weg.

ergeben Untermengigkeitsgrade, die mit gewöhnlichen Mengen ganz streng umgehen (krasse Untermengigkeit), mit Fuzzy-Mengen aber moderat:

$$\overset{\downarrow}{U}_L(A,B) = \inf \{ \min\{1-A(x)+B(x),\ 1\} \} \quad (\text{ siehe Bild 2-2 }),$$

$$\overset{\downarrow}{U}_M(A,B) = \inf \{ \max\{1-A(x),\ B(x)\} \}.$$

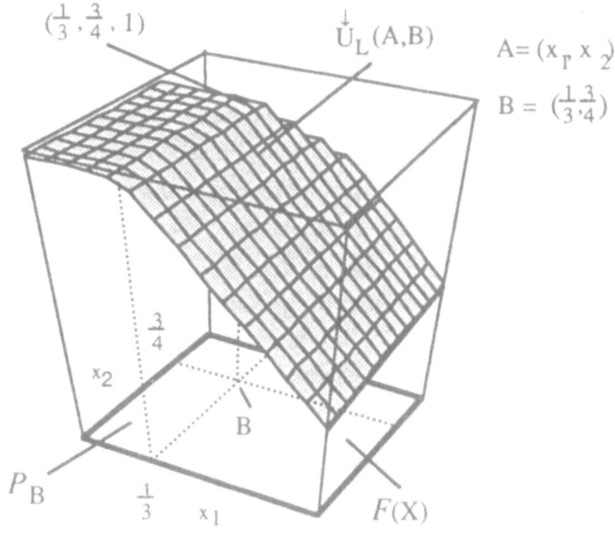

Bild 2-2: $\overset{\downarrow}{U}_B \in FF(X)$ im zweidimensionalen Fall, $X = \{ x_1, x_2 \}$, für $B = (\frac{1}{3} \frac{3}{4})$ dargestellt als ´Gebirgsfläche´ über dem Quadrat (zweidimensionaler Würfel) $F(X)$. Man vergleiche mit Bild 1-10.

2.2. Ähnlichkeit als Fuzzy-Gleichheit und Vagheit von Fuzzy-Mengen

Bis jetzt haben wir von zwei Fuzzy-Mengen $A, B \in F(X)$ gesagt, sie seien ´gleich´, wenn für alle $x \in X$ stets $A(x) = B(x)$ galt. Ähnlich wie schon die strikte Enthaltenseinsbeziehung dem Geist der Fuzzy-Theorie widerspricht, so widerspricht ihm auch die ´strikte Gleichheit´ von Fuzzy-Mengen. Daher wollen wir nun, statt von ´strikter Gleichheit´ zu reden, diese durch eine ´graduelle Gleichheit´, EQ, ersetzen, die als Fuzzy-Menge von $F(X) \times F(X)$ angibt, zu welchem Grad $EQ(A,B)$ für ein Paar von Fuzzy-Mengen $(A,B) \in F(X) \times F(X)$ diese miteinander übereinstimmen. Die ´graduelle Gleichheit´ nennen wir auch ´Ähnlichkeit´.

Zunächst können wir jedoch davon absehen, uns bei der Behandlung der Ähnlichkeit auf den Vergleich von Fuzzy-Mengen zu beschränken. D.h., wir werden die Ähnlichkeit von irgendwelchen zu einer Menge **F** zusammengefaßten Objekten betrachten. Diese Ähnlichkeit selbst stellen wir als Fuzzy-Menge $EQ \in F(\mathbf{F} \times \mathbf{F})$ dar, die gewissen Bedingungen genügt. Diese Bedingungen gestalten wir derart, daß für den Fall, daß $EQ \in P(\mathbf{F} \times \mathbf{F})$, EQ eine gewöhnliche Äquivalenzrelation ist. D.h., es müssen folgende drei Eigenschaften für ´R´ mit $A \, R \, B \; :\Leftrightarrow$ $EQ(A,B) = 1$ vorliegen :

> (i) $A \, R \, A$,   (ii) $A \, R \, B = B \, R \, A$,   sowie (iii) $A \, R \, C$ und $C \, R \, B$ hat stets $A \, R \, B$ zur Folge.

Für die ´Fuzzy-Äquivalenzrelation´ Ähnlichkeit schreiben wir also:

$$EQ : \quad \mathbf{F} \times \mathbf{F} \to [0,1]$$
$$(A,B) \; \to \; EQ(A,B)$$

EQ induziert für jedes $A \in \mathbf{F}$ folgende Abbildung $EQ_A \in F(\mathbf{F})$

$$EQ_A : \quad \mathbf{F} \; \to \; [0,1]$$
$$B \; \to \; EQ_A(B) := EQ(A,B)$$

Die Alltagslogik verlangt für unsere Ähnlichkeitsbeziehung EQ für alle
$A,B \in \mathbf{F}$ folgende Eigenschaften:

$$(2.2\text{-}a)$$

i	$EQ(A,A) = 1$	(Reflexivität)	
ii	$EQ(A,B) = EQ(B,A)$	(Symmetrie)	
iii	$EQ_A \wedge EQ_B \subset EQ(A,B)$	($\wedge$-Transitivität)	

iii   ist nur eine Verallgemeinerung der   Transitivität einer gewöhnlichen
Äquivalenzrelation R :   Aus   A R C und   C R B   folgt A R B.

Von $\acute{\wedge}\acute{}$ werden in (2.2-a) zunächst nur die Eigenschaften einer t-
Norm, wie wir sie in (2.1-a) kennengelernt haben, verlangt.

Diese sehr allgemeinen Voraussetzungen aus   (2.1-a)   und   (2.2-a)
stellen schon sicher:

Für jedes $A \in \mathbf{F}$ ist $EQ_A \in \mathcal{F}(\mathbf{F})$ normal. $(2.2\text{-}a1)$
   Beweis: $EQ_A(A) = 1$

Wenn $EQ_A \neq EQ_B$, dann ist $EQ_A \wedge EQ_B$ nicht normal. $(2.2\text{-}a2)$
   Beweis: Gäbe es ein $C \in \mathbf{F}$ mit $(EQ_A \wedge EQ_B)(C) = 1$, $\Rightarrow$ wegen der
$\wedge$-Transitivität $EQ(A,B) = 1$. Für beliebige $C \in \mathbf{F}$ gölte dann
$EQ_C \wedge EQ_B \subset EQ(C,B)$ sowie $EQ_A \wedge EQ_C \subset EQ(A,C)$; $\Rightarrow$
$(EQ_C \wedge EQ_B)(A) = EQ_C(A) \wedge EQ_B(A) = EQ_C(A) \wedge 1$
$= EQ_C(A) \leq EQ(C,B)$; aber auch $EQ_C(B) \leq EQ(A,C)$; $\Rightarrow$
$EQ_A(C) = EQ_B(C)$.   q.e.d.

$$(2.2\text{-}a3)$$
$A R B :\Leftrightarrow EQ(A,B) = 1$ definiert eine Äquivalenzrelation in $\mathbf{F}$.
   Beweis: $EQ(A,A) = 1$ $\Rightarrow$ A R A ;
   A R B $\Rightarrow$ $EQ(A,B) = EQ(B,A) = 1$ $\Rightarrow$ B R A;
   A R C und C R B $EQ(A,C) = EQ(C,B) = 1$ $\Rightarrow$ wegen
   $\wedge$-Transitivität $EQ(A,B) = 1$ $\Rightarrow$ A R B .   q.e.d.

Die Äquivalenzrelation   R nennt man den *Kern* der Fuzzy-Äquivalenzrelation EQ. Mit F/R bezeichnen wir die Menge der Restklassen von R.

(2.2-a4)

Für die zu zwei Elementen $A, B \in F$ gehörigen Äquivalenzklassen
$A_R, B_R \in F/R$ gilt mit $(A', B') \in A_R \times B_R$:

$$EQ(A', B') = EQ(A,B).$$

Beweis: $A' \in A_R$ $\Rightarrow$ wegen $\wedge$-Transitivität gölten

$EQ_A \wedge EQ_B \subset EQ(A,B)$ und $EQ_{A'} \wedge EQ_B \subset EQ(A',B)$ $\Rightarrow$ wegen

$EQ_A(A') = EQ_{A'}(A) = 1$,

$EQ_B(A') = EQ_A(A') \wedge EQ_B(A') \leq EQ(A,B)$ sowie

$EQ_B(A) = EQ_{A'}(A) \wedge EQ_B(A) \leq EQ(A',B)$;   also ist

$EQ(A',B) = EQ(A,B)$.   q.e.d.

Befinden wir uns allerdings im Lukasiewicz-Verband $(F(F), \wedge, \vee, \neg)$
(s. (1.5.1-e)), so muß man bemerken, daß $EQ_A \wedge EQ_B \subset$ $EQ(A,B)$
erheblich weniger verlangt, als etwa $EQ_A \cap EQ_B \subset$ $EQ(A,B)$ verlangen
würde; denn wir wissen ja: $EQ_A \wedge EQ_B \subset EQ_A \cap EQ_B$.

Eine Ähnlichkeitsrelation im Lukasiewicz-Verband, die dort transitiv ist,
nennen wir   L-transitiv.

Wenn EQ $\cap$-transitiv ist, so hat $EQ(A,B) = 0$ auch $EQ_A \cap EQ_B = 0$ zur
Folge. Im Lukasiewicz-Verband hingegen haben wir für eine L-transitive
Ähnlichkeitsrelation mit $EQ(A,B) = 0$ lediglich

$$(EQ_A \wedge EQ_B)(C) = \max \{ \ EQ_A(C) + EQ_B(C) - 1, 0 \ \} = 0 \ \Leftrightarrow$$

$$EQ_A(C) + EQ_B(C) - 1 \leq 0 \ \Leftrightarrow \ \min\{ \ EQ_A(C), EQ_B(C)\} \leq \frac{1}{2} \ \Leftrightarrow$$

$$EQ_A \cap EQ_B \leq \frac{1}{2} .$$

D.h., die Fuzzy-Äquivalenzklassen ganz unähnlicher Objekte können einen nichtleeren Durchschnitt haben! Diese Besonderheit des Lukasiewicz-Verbandes kommt uns sehr gelegen. Oft sieht man von realen Phänomenen A und B nämlich nur die sich überlappenden Fuzzy-Äquivalenzklassen, obgleich man weiß, daß die Phänomene selbst maximal unterscheidbar, d.h. ganz und gar unähnlich sind.

Sei nun $F = F(X)$. Mithilfe unserer Untermengigkeit, die wir ja als Mittelwert der Lukasiewicz-Implikation im Lukasiewicz-Verband verstehen, können wir jetzt in unmittelbar einleuchtender Weise eine konkrete graduelle Gleichheitsrelation, die ´Ähnlichkeit zweier Fuzzy-Mengen A und B´ angeben, die (2.2-a) genügt :

$$EQ(A,B) := U(A \cup B, A \cap B). \qquad\qquad (2.2\text{-}b)$$

Ähnlichkeit zwischen zwei Fuzzy-Mengen A und B ist also der Grad, zu dem die Vereinigung der Fuzzy-Mengen in ihrem Durchschnitt enthalten ist. Man sieht leicht:

$$EQ(A,B) = \frac{[A \cap B]}{[A \cup B]} \qquad\qquad (2.2\text{-}c)$$

Die Bedingungen i,ii werden von EQ offensichtlich erfüllt. iii bedeutet, daß für alle $C \in F(X)$ die Ungleichung

$$\max \{ EQ(A,C) + EQ(C,B) - 1, 0 \} \leq EQ(A,B) \quad \text{also}$$

$$\frac{[A \cap C]}{[A \cup C]} + \frac{[C \cap B]}{[C \cup B]} - 1 \leq \frac{[A \cap B]}{[A \cup B]} \quad \text{gelten muß.}$$

Der arbeitsreiche Beweis dieser Forderung sei dem Leser als Übungsaufgabe überlassen.

In der Sprache unseres Lukasiewicz-Verbandes $(F(X), \wedge, \vee, \neg)$ ist $EQ(A,B)$ der Mittelwert der Implikation $(A \cup B) \Rightarrow (A \cap B)$:

$$EQ(A,B) = \text{mean}_{A \cup B} ((A \cup B) \Rightarrow (A \cap B)) .$$

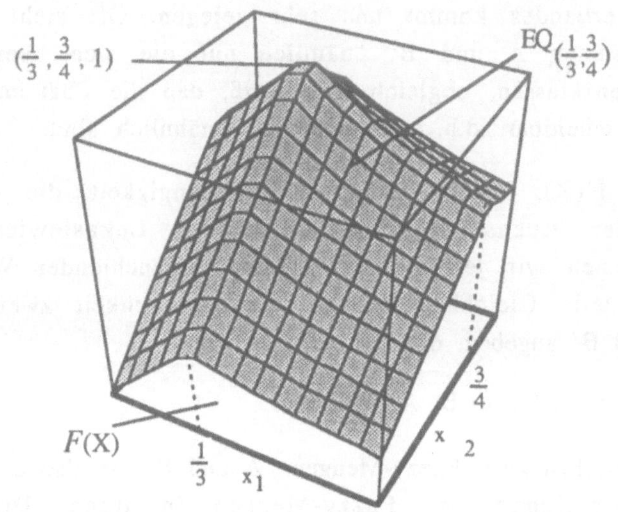

Bild 2-3: $EQ_B \in FF(X)$ im zweidimensionalen Fall, $X = \{ x_1, x_2 \}$, für $B = (\frac{1}{3}, \frac{3}{4})$ dargestellt als 'Gebirgsfläche' über dem Quadrat (zweidimensionaler Würfel) $F(X)$.

Die Fläche $EQ_{(\frac{1}{3}, \frac{3}{4})}$ gibt für jede Fuzzy-Menge (x_1, x_2) deren Ähnlichkeit mit

$(\frac{1}{3}, \frac{3}{4})$ an. $EQ((\frac{1}{3}, \frac{3}{4}), (x_1, x_2)) \; = \; \dfrac{[(\frac{1}{3}, \frac{3}{4}) \cap (x_1, x_2)]}{[(\frac{1}{3}, \frac{3}{4}) \cup (x_1, x_2)]} .$

Die Ähnlichkeit zwischen A und seinem Komplement $\overline{A}$ nennen wir die 'Vagheit' oder 'Entropie' von A : V(A).

$$(2.2\text{-}d)$$

$$V(A) := EQ(A, \overline{A}) = U(A \cup \overline{A}, A \cap \overline{A}) = \frac{[A \cap \overline{A}]}{[A \cup \overline{A}]}$$

Für gewöhnliche Mengen A ist $V(A) = 0$ wegen $A \cap \overline{A} = \emptyset$.

Wenn $A = \overline{A}$, also $A(x) = 1 - A(x)$, d.h., $A = 0.5$, dann ist offensichtlich $V(A) = 1$, da ja dann $A \cap \overline{A} = A \cup \overline{A}$ ist. Auf unseren Würfel bezogen heißt das, daß V an den Eckpunkten verschwindet und im Mittelpunkt sein Maximum 1 annimmt. Je näher eine Fuzzy-Menge einem Eckpunkt ist, desto geringer ist ihre Vagheit. Der Mittelpunkt ist von allen Eckpunkten gleich weit entfernt, hat die größtmögliche Entfernung überhaupt, die man zum nächstgelegenen Eckpunkt haben kann, und ist daher maximal vage.

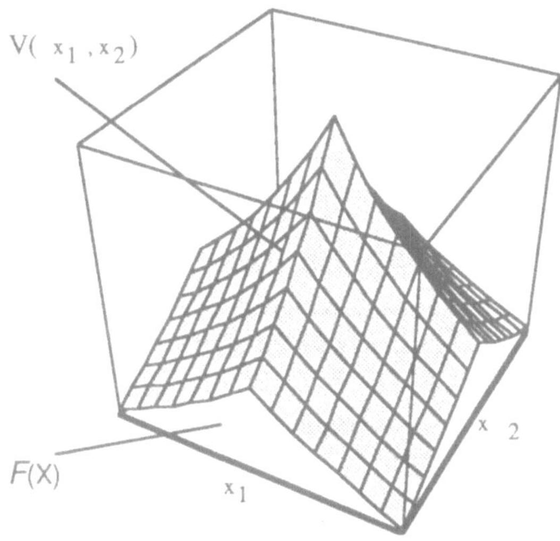

Bild 2-4: Wenn X eine zweielementige Grundmenge ist, läßt sich die Vagheit als Element aus $FF(X)$ also als 'Gebirge' über dem Einheitsquadrat $F(X)$ vorstellen. Man sieht an der Symmetrie, daß V sein Maximum im Mittelpunkt von $F(X)$ annimmt.

2.3. Vage Ordnungen, unscharfe Präferenzen

Wenn der Mensch zwischen mehreren Alternativen zu wählen hat, so
verspürt er den unwiderstehlichen Drang, sich die ´beste´ der Alternativen zu sichern. Die Märchengestalt, welche einen Wunsch frei hat, ist
ein Archetyp unseres heimlichen Selbstbildnisses. Sie scheitert in der
verborgenen Wirklickeit unserer sorgsam verheimlichten Gedanken
ebenso tragisch wie im Märchen, wenn sie die Prinzipien der Vorteil-
haftigkeit zur Maxime der Wahl macht. Auch als Paris, Hera und
Athena vernachlässigend, sich für Aphrodite entschied, gereichte es
ihm - wie auch uns allen - ja nicht zum Vorteil. Obgleich wir alle mit
dem trojanischen Prinzen fühlen und die gleiche Wahl getroffen hätten,
müssen wir doch erkennen, daß die kryptische Wirklichkeit unserer
unerfüllten Wünsche einer überzeugenden Präferenzstruktur entbehrt.
Wir sollten uns damit abfinden und weiterhin ohne zu zögern die
sterbliche aber inspirierende Helena wählen und uns vergewissern,
warum wir als Vorteilsbedachte in solchen Fällen wie der Helena
unvermeidlich zur Fehlentscheidung verdammt sind.

Stellen wir uns eine Menge X von Handlungsalternativen vor. Im Falle
des Paris wäre das die Menge { Aphrodite, Athena, Hera }. Auf der pri-
mitivsten Ebene der Reflektion würden wir eine Präferenzstruktur für
ganz X zu erkennen suchen, indem wir für alle Paare $(A,B) \in X \times X$
feststellen, ob A dem B vorgezogen werden kann. Wenn dies der Fall
ist, so schreiben wir kurz A R B. Man könnte hierzu auch sagen, wir
seien sicher, daß A ´nicht schlechter´ als B sei. Wenn man nur diesen
paarweisen Vergleich anstellen kann und sonst keine weitere Eigenschaften der Relation R kennt, so kann man aus der Menge der
gewissermaßen lokalen Beziehungen A R B zwischen zwei Elementen A
und B nicht auf globale Eigenschaften von X schließen. Insbesondere
können wir nicht sicher sein, daß es überhaupt irgendwie optimale
Handlungsalternativen gibt. Wenn wir allerdings weitergehende
Forderungen an die Relation stellen, können wir die Existenz
´maximaler Elemente´ also ´bester´ Handlungsalternativen in X
garantieren, wenn X endlich ist. Diese Forderungen sind die, welche
eine geordnete Menge definieren:

Für alle A,B,C $\in$ X gilt (2.3-a)

 i A R A (Reflexivität).

 ii A R B und B R A hat stets A = B zur Folge (Identität).

 iii A R C und C R B hat stets A R B zur Folge (Transitivität).

Wenn man auch noch

 iv für alle A,B $\in$ X gilt A R B oder B R A

fordert, so nennt man X vollständig geordnet.

Ein Element M $\in$ X heißt maximales Element, wenn M R A stets M = A zur Folge hat. Eine vollständig geordnete endliche Menge hat genau ein maximales Element, nämlich das größte oder beste Element. Aber auch, wenn X nicht vollständig geordnet ist, gibt es größte Elemente. Diese sind dann nur 'lokal' größte Elemente. D.h., es gibt zu solchen Elementen maximale Mengen, in denen auch M R A stets A = M zur Folge hat.

Nun kann es aber sein, daß selbst bei großer Anstrengung die durch Paarvergleiche ermittelte Relation R einfach keine Ordnung im Sinne von (2.3-a) definiert. Der tiefere Grund hierfür kann z.B. darin liegen, daß die Mißachtung der 'Nähe' oder 'Ferne' voneinander, die unsere Handlungsalternativen ja auch noch haben können, zu grobschlächtig war. Es kann ja sein, daß die eigentliche - nicht mit den Forderungen von (2.3-a) zu beschreibende - Ordnung eine Reflektion der Frage nach dem Grad, zu dem die Beziehungen A R B jeweils gelten, verlangt. Liegt nicht z.B auch in der Reduktion der Ordnungsstruktur, die die Menge der drei Zahlen {0.001, 0.0011, 10000.} hat, auf die Ordnungsstruktur von drei Elementen $a \leq b \leq c$ eine groteske Vergröberung wirklicher Ordnungsverhältnisse vor?

Wenden wir uns daher einer ganz anderen Art von Ordnungsstrukturen zu, die sich allerdings auch als Verallgemeinerungen der gewöhnlichen, scharfen Ordnungen begreifen lassen.* Hierzu verändern wir wieder etwas unsere Schreibweise: Wir sagen, A verhält sich zu B

---

* siehe zu diesem Thema auch Ovchinikov 1991.

zum Grade R(A,B). Für den Fall R(A,B) = 1 schrieben wir oben A R B. Die Relation R fassen wir als Fuzzy-Menge auf; $R \in F(X \times X)$. Wir legen darüber hinaus unseren Überlegungen eine t-Norm, $\wedge$, gemäß (2.1-a) zugrunde.

Wenn für alle $A,B,C \in X$ gilt,   (2.3-b)

$R(A,A) = 1$, dann heißt R **reflexiv**

$R(A,B) \vee R(B,A) = 1$, dann heißt R **vollständig**,

$R(A,B) = R(B,A)$, dann heißt R **symmetrisch**,

$R(A,B) \wedge R(B,A) = 0$, dann heißt R **antisymmetrisch**,

$R(A,C) \wedge R(C,B) \leq R(A,B)$, dann heißt R **transitiv**.

Um Verwechslungen zu vermeiden, schreiben wir auch gelegentlich L-transitiv (Lukasiewicz-transitiv), P-antisymmetrisch oder M-vollständig etc, je nachdem, welche t-Norm zugrunde liegt.

Wenn für $\overline{R}(A,B) := 1 - R(A,B)$ gilt :

$\overline{R}(A,C) \wedge \overline{R}(C,B) \leq \overline{R}(A,B)$, dann heißt R **perfekt**.

Transitiv und perfekt heißt also:
                                                                      (2.3-c)
$R(A,C) \wedge R(C,B) \leq R(A,B) \leq R(A,C) \vee R(C,B)$

Wenn $\overline{R}$ perfekt ist, heißt das, daß R transitiv ist. Wenn R transitiv und perfekt ist, dann ist $\overline{R}$ transitiv und perfekt. Aber Vorsicht! $\overline{R}$ ist auch in diesem Fall nicht von selbst vollständig, wenn R vollständig ist.

Ist R eine gewöhnliche vollständige Ordnung gemäß (2.3-a), so ist sie von selbst perfekt.

Drei beliebige Elemente A,B,C einer nicht notwendig identitiv gewöhnlich geordneten Menge zusammen mit den Ordnungsverhältnissen zwischen diesen drei Elementen soll Ordnungszelle (A,B,C) genannt werden. Es gibt nur vier verschiedene Ordnungszellen, die in Bild 2-5 dargestellt sind.

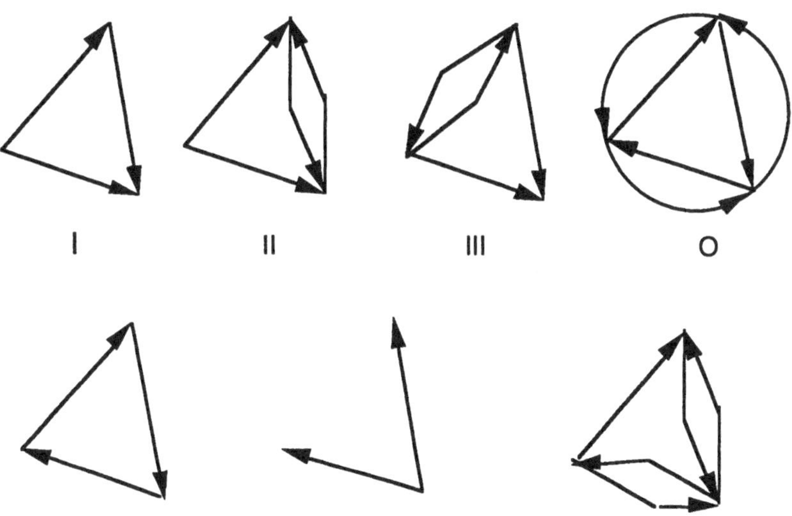

Bild 2-5: Darstellung der Ordnungsverhältnisse dreier beliebiger Elemente A,B,C einer vollständig (nicht notwendig identitiv) geordneten Menge mithilfe von Pfeilen: Wenn R(X,Y) = 1, dann wird ein Pfeil von X nach Y gezeichnet. Es gibt genau die vier dargestellten Ordnungstypen I, II, III, O. Die in der unteren Reihe dargestellten Diagramme beschreiben keine Ordnungstypen; sie sind nicht transitiv oder nicht vollständig.

Wir nennen nun eine reflexive Fuzzy-Relation **R** eine **∧-Fuzzy-Ordnung** in X, wenn sie **∧-transitiv** ist. Alle diese gewohnten Begriffe, 'Ordnung', 'vollständig', 'transitiv' haben also nur einen Sinn relativ zu einer t-Norm ∧.

Ist R eine vollständige $\wedge_L$-Fuzzy-Ordnung, so soll sie eine
Lukasiewicz-Ordnung genannt werden.

Aus einer Fuzzy-Ordnung lassen sich in kanonischer Weise drei weitere
Fuzzy-Relationen I, J, P $\in F(X \times X)$ ableiten:

Die **Fuzzy-Indifferenzrelation** I, eine Fuzzy-Äquivalenzrelation
gemäß (2.2-a) ; also eine reflexive, symmetrische und transitive
Fuzzy-Relation

$$I(A,B) := R(A,B) \wedge R(B,A). \tag{2.3-d}$$

Beweis: Die Reflexivität folgt unmittelbar aus der von R. Die
Symmetrie aus der Kommutativität von $\wedge$ (1.5.1-a iii).
Transitivität:

$$I(A,C) \wedge I(C,B) = (R(A,C) \wedge R(C,A)) \wedge (R(C,B) \wedge R(B,C)) =$$

$$(R(A,C) \wedge R(C,B)) \wedge (R(B,C) \wedge R(C,A)) \leq R(A,B) \wedge R(B,A) = I(A,B),$$

wegen (2.1-a) ii, iii, iv und der Transitivität von R.   q.e.d.

Genau dann, wenn I(A,B) = 0 ist, gilt $\overline{R}(A,B) \vee \overline{R}(B,A) = 1$.

Beweis: $I(A,B) = 0 \Leftrightarrow 1 = 1 - I(A,B) = \overline{I}(A,B) = R(A,B) \overline{\wedge} R(B,A)$

$= \overline{R}(A,B) \vee \overline{R}(B,A).$ q.e.d.

Die **Fuzzy-Präferenzrelation** P, eine im allgemeinen nicht vollständige und nicht transitive Relation

$$P(A,B) := R(A,B) \wedge \overline{R}(B,A). \tag{2.3-e}$$

Die **Fuzzy-Unvergleichbarkeitsrelation**

$$J(A,B) := \overline{R}(A,B) \wedge \overline{R}(B,A).$$

Wenn R eine gewöhnliche Ordnung gemäß (2.3-a) wäre, so gölte

$$R = P \cup I, \ P \cap I = \varnothing, \ P \cap J = \varnothing, \ I \cap J = \varnothing.$$

Man kann sich nun die Frage stellen, ob es eine t-Norm $\wedge$ gibt, so daß die Verallgemeinerung dieser Beziehungen,

$$R = P \vee I, \ P \wedge I = \varnothing, \ P \wedge J = \varnothing, \ I \wedge J = \varnothing,$$

für $\wedge$-Fuzzy-Ordnungen R auch gültig ist. Es stellt sich heraus, daß jede t-Norm $\wedge$, die diesen Bedingungen genügt, bis auf einen ordnungs-erhaltenen Automorphismus ϕ des Intervalles $[0,1]$ als Lukasiewicz-und $\wedge_L$ angesehen werden kann[*] :

$$\phi \circ (A \wedge B) = \phi \circ A \ \wedge_L \ \phi \circ B.$$

Hieraus läßt sich wiederum begreifen, welche starke Sonderrolle den Lukasiewicz-artigen Erweiterungen klassischer Strukturen zukommt.

Für alles weitere setzen wir nun stets voraus, daß R vollständig ist, was gleichbedeutend mit $J = \varnothing$ ist.

Wenn R vollständig ist, so ist P antisymmetrisch.

Beweis: $P(A,B) \wedge P(B,A) = R(A,B) \wedge \overline{R}(B,A) \wedge R(B,A) \wedge \overline{R}(A,B) =$

$$= R(A,B) \wedge R(B,A) \wedge \overline{R}(A,B) \wedge \overline{R}(B,A) =$$

$$= R(A,B) \wedge R(B,A) \wedge (R(A,B) \ \overline{\vee} \ R(B,A)) =$$

$= R(A,B) \wedge R(B,A) \wedge 0 = 0.$ Da $R(A,B) \ \overline{\vee} \ R(B,A) = 0$ wegen der Vollständigkeit von R.   q.e.d.

---

[*] Diese Idee wird von Ochinikov, Roubens (1992) durchgeführt.

Statt der Transitivität von P gilt nur die wesentlich schwächere Ungleichung

$$P(A,C) \wedge P(C,B) \leq R(A,B) \wedge \overline{R'}(B,C) \wedge \overline{R'}(C,A) \; ! \qquad (2.3\text{-}f)$$

Beweis :

$$P(A,C) \wedge P(C,B) = R(A,C) \wedge \overline{R'}(C,A) \wedge R(C,B) \wedge \overline{R'}(B,C)$$

$$= \underline{R(A,C) \wedge R(C,B)} \wedge \overline{R'}(B,C) \wedge \overline{R'}(C,A)$$

$$\leq \underline{R(A,B)} \wedge \overline{R'}(B,C) \wedge \overline{R'}(C,A). \quad \text{(Transitivität von R)} \qquad \text{q.e.d.}$$

Die unter Verwendung der vagen Ordnung R und der t-Norm $\wedge$ definierte Präferenzrelation P ist transitiv, wenn die vage Ordnung R perfekt ist.

Beweis:

Es gilt $\overline{R'}(B,C) \wedge \overline{R'}(C,A) \leq \overline{R'}(B,A)$. Wegen (1.5-b), ii folgt

$$R(A,B) \wedge \overline{R'}(B,C) \wedge \overline{R'}(C,A) \leq R(A,B) \wedge \overline{R'}(B,A) = P(A,B).$$

Mit (2.3-f) folgt dann die Behauptung. $\qquad$ q.e.d.

Lukasiewicz-Ordnungen sind perfekt. $\qquad\qquad\qquad\qquad$ **(2.3-h)**

Beweis: (a) Sei $\overline{R'}(B,C) \wedge_L \overline{R'}(C,A) > \overline{R'}(B,A) > 0 \Leftrightarrow$

max { $1\text{-}R(B,C) + 1\text{-}R(C,A) - 1, 0$ } $> 1 - R(B,A) > 0 \Leftrightarrow$

max { $1 - R(B,C) - R(C,A), 0$ } $> 1 - R(B,A) > 0 \Rightarrow$

$1 - R(B,C) - R(C,A) > 1 - R(B,A) \Leftrightarrow R(B,C) + R(C,A) < R(B,A).$

Aus $R(C,B) \wedge_L R(B,A) \leq R(C,A)$ (Transitivität von R) folgt

$R(C,B) \wedge_L ((R(B,C) + R(C,A))) < R(C,A) \Leftrightarrow$

max { $R(C,B) + R(B,C) - 1 + R(C,A), 0$ } $< R(C,A)$; wegen der Vollständigkeit von R gilt aber $R(C,B) + R(B,C) - 1 \geq 0 \Rightarrow$

max { R(C,A), 0 } < R(C,A) $\Leftrightarrow$ Widerspruch, (a) konnte also nicht stimmen.

(b) Da die $\wedge_L$-Transitivität von $\overline{R}'$ für beliebige A,B,C mit $\overline{R}'(B,A) \in [0,1)$ gilt (wie unter (a) gezeigt), gilt sie, da $\wedge_L$ stetig ist, auch, wenn $\overline{R}'(B,A) = 0$. q.e.d.

Die Perfektheit von gewöhnlichen vollständigen Ordnungen, die so selbstverständlich ist, daß sie uns garnicht bewußt wird, wird bei Fuzzy-Ordnungen zu einem Kriterium. Für die Verallgemeinerung der gewöhnlichen Ordnungen, den Lukasiewicz-Ordnungen, bleibt die Perfektheit erhalten. Aus diesem Grunde kommen wir zu:

$$(2.3-i)$$

Die von einer Fuzzy-Ordnung R gemäß der L-t-Norm $\wedge_L$ induzierte Fuzzy - Präferenzrelation P ist transitiv.

P ist nicht nur antisymmetrisch bezogen auf $\wedge_L$, sondern auch noch antisymmetrisch bezogen auf $\wedge_M$:

$$P(A,B) \wedge_M P(B,A) = 0 ;$$

Beweis: $P(A,B) \wedge_M P(B,A) =$

$(R(A,B) \wedge_L \overline{R}'(B,A)) \wedge_M ((R(B,A) \wedge_L \overline{R}'(A,B)) = 0$ gemäß (1.5-g). q.e.d.

Wir wollen nun aber unser eigentliches Ziel, in irgendeiner Weise optimale Elemente in X zu finden, nicht vergessen. Sei P die von einer perfekten Fuzzy-Ordnung induzierte $\wedge$-transitive Fuzzy-Präferenz-relation. Zu jedem $\lambda \in [0,1]$ kann folgende gewöhnliche (nicht notwendig vollständige und nicht notwendig transitive, aber antisymmetrische) Relation gebildet werden:

$$(2.3\text{-}j)$$

$$P_\lambda(A,B) := \begin{cases} 1, & \text{wenn } P(A,B) \geq \lambda \\ 0 & \text{sonst}. \end{cases}$$

P_λ wollen wir auch λ-Schwelle nennen. Wenn P_λ aufgrund des konkreten, die Relation R definierenden Zahlenmaterials, transitiv ist, dann ist mit P_λ eine gewöhnliche antisymmetrische Ordnung gegeben. Eine solche hat, wie man weiß, maximale Elemente.

Es gilt der formal hübsche 'gemixte Transitivitätssatz':

Wenn P $\wedge$-*transitiv ist, dann ist*

$$P_\lambda(A,C) \ \wedge \ P_\mu(C,B) \ \leq \ P_{\lambda \wedge \mu}(A,B). \qquad\qquad (2.3\text{-}k)$$

Beweis : Wenn $P_\lambda(A,C) \ \wedge \ P_\mu(C,B) = 0$, dann gilt die Beh. ohnehin.

Sei $P_\lambda(A,C) = P_\mu(C,B) = 1$,

$\Leftrightarrow \ P(A,C) \geq \lambda$ und $P(C,B) \geq \mu$

$\Rightarrow \ \lambda \wedge \mu \leq P(A,C) \wedge P(C,B) \leq P(A,B)$ (Monotonie, Transitivität)

$\Leftrightarrow \ P_{\lambda \wedge \mu}(A,B) = 1.$ \qquad\qquad q.e.d.

Behandeln wir nun zunächst die Fälle $\wedge = \wedge_P$ oder $\wedge = \wedge_M$. In beiden Fällen bedeutet Vollständigkeit dasselbe:

$$0 = R(A,B) \vee_P R(B,A) - 1 = R(A,B) + R(B,A) - R(A,B) \cdot R(B,A) - 1 =$$
$$= - (R(A,B) - 1)(R(B,A) - 1) = \max \{ R(A,B), R(B,A) \} - 1 =$$
$$= R(A,B) \vee_M R(B,A) - 1.$$

Das heißt also, daß in beiden Fällen $R(A,B) = 1$ oder $R(B,A) = 1$ sein muß. Man kann daher die Ordnungszellen so präparieren, daß sie wie in Bild 2-6 aussehen.

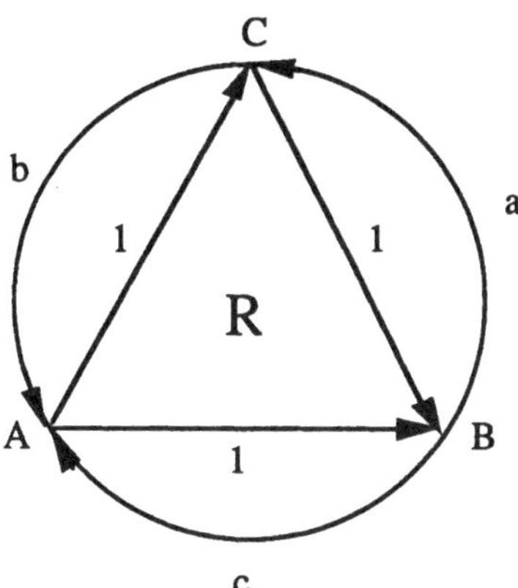

Bild 2-6: Ordnungszelle für $\wedge_P$ - oder $\wedge_M$ - vollständige Relationen R. Die Transitivitätsbedingung $a \wedge b \leq c \leq \min \{a,b\}$ kann man direkt aus dem Diagramm ablesen.

In beiden Fällen gilt, wenn R transitiv ist:

$$a \wedge b \leq c \leq \min \{a,b\}.^*$$

Da nun, wie aus (1.5-f) bekannt, $\min \{a,b\} = a \wedge_M b \leq a \vee_M b \leq a \vee_P b$, erhält man in beiden Fällen die Perfektheit von R :

$$a \wedge b \leq c \leq a \vee b.$$

Es ist also sowohl P_M , die von der Minimumsnorm induzierte Präferenzrelation, als auch die von der Produktnorm induzierte Präferenzrelation, P_P , transitiv !

---

* Dies gilt sogar für jede $\wedge$-Relation, wenn die Ordnungszelle wie in Bild 2-5 aussieht. Es gilt in solchen Fällen ganz allgemein $c \in [\, a \wedge b, \min \{a,b\} \,]$.

Es ergibt sich für den Fall   (2.3-1)

$$\wedge_P : a{\cdot}b \leq c \leq \min\{a,b\} \quad \Leftrightarrow \quad c \in [\, a{\cdot}b,\ \min\{a,b\}\,];$$

$$\wedge_M : \min\{a,b\} \leq c \leq \min\{a,b\} \quad \Leftrightarrow \quad c = \min\{a,b\}.$$

Für den Fall, daß $a,b,c \in \{0,1\}$, erkennt man die schon bekannten Ordnungstypen der Ordnungszellen gewöhnlicher transitiver Ordnungen (Bild 2-5) wieder.

Die allgemeine Ordnungszelle der Fuzzy-Präferenzrelation P sieht wie in Bild 2-7 dargestellt aus.

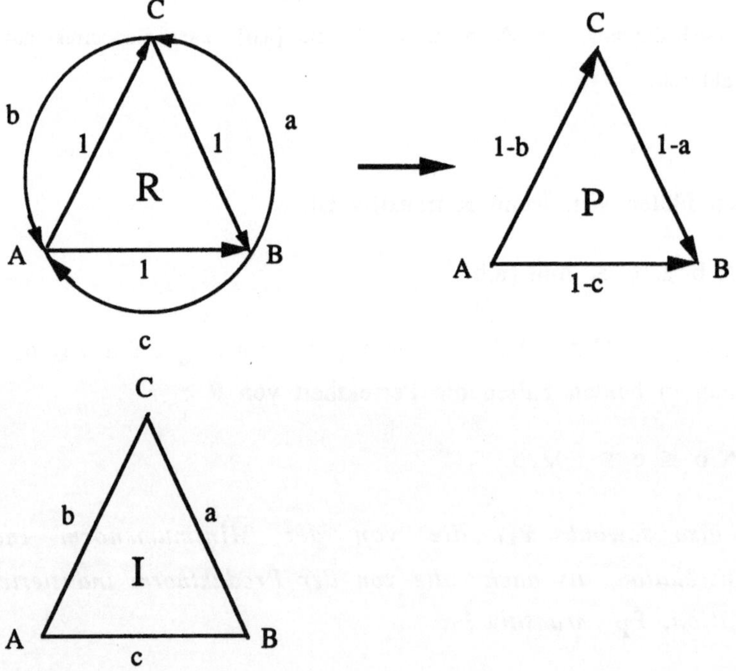

Bild 2-7: Konstruktion der Ordnungszelle der transitiven Fuzzy-Präferenzrelation P für den Fall, daß R eine $\wedge_P$ - bzw $\wedge_M$-Relation ist , sowie der Indifferenzrelation I.

$$(2.3\text{-m})$$

Im $\wedge_M$-Fall ist für jedes $\lambda \in [0,1]$ die λ-Schwelle P_λ transitiv:

Es gilt $\lambda \wedge_M \lambda = \lambda$. Wegen (2.3-k)

$$P_\lambda(A,C) \wedge P_\lambda(C,B) \leq P_\lambda(A,B). \qquad \text{q.e.d.}$$

Sei wieder $\wedge = \wedge_P$ oder $\wedge = \wedge_M$. Dann gilt für $\lambda > 0$:

$$P_\lambda(A,B) = 1 \;\Rightarrow\; I(A,B) \geq 1 - \lambda. \qquad\qquad (2.3\text{-n})$$

Beweis: Sei o.B.d.A $R(A,B) = 1$.
$\Rightarrow I(A,B) = R(B,A)$ und $P(A,B) = 1 - R(B,A)$,
$I(A,B) = 1 - P(A,B)$. Mit $P(A,B) \geq \lambda$ folgt die Behauptung. q.e.d.

Für $\wedge = \wedge_P$ oder $\wedge = \wedge_M$ gilt :

$$P(A,B) = P(B,A) = 0 \;\Rightarrow\; I(A,B) = 1. \qquad\qquad (2.3\text{-o})$$

Beweis: Sei o.B.d.A $R(A,B) = 1. \Rightarrow 1 - R(B,A) = 0 \Rightarrow I(A,B) = 1.$
$$\text{q.e.d.}$$

Für nullteilerfreie t-Norm $\wedge$ erhält man für $\alpha = \min\{P(A,B) > 0\}$ sofort eine transitive α-Schwelle; *

$$P_\alpha(A,C) \wedge P_\alpha(C,B) \leq P_\alpha(A,B). \qquad\qquad (2.3\text{-p})$$

Beweis: Mit $\alpha > 0$ ist auch $\alpha \wedge \alpha > 0$ (wegen Nullteilerfreiheit von $\wedge$). Aus der Definition von α ergibt sich $P_{\alpha \wedge \alpha}(A,B) = 1 \Rightarrow P_\alpha(A,B) = 1$. Also $P_{\alpha \wedge \alpha}(A,B) \leq P_\alpha(A,B)$. Mit (2.3-k) folgt hieraus die Behauptung. q.e.d.

---

* Altmann 1993 (private handschriftliche Mitteilung).

Für maximale Elemente A,B bzgl. P_α *(* α *wie in (2.3-p)) gilt :*

$$I(A,B) = 1. \tag{2.3-q}$$

Beweis: $P_\alpha(A,B) = P_\alpha(B,A) = 0 \implies P(A,B) = P(B,A) = 0$

$\implies$ wegen (2.3-o) die Behauptung.   q.e.d

Interessanter ist der Fall, wenn eine $\wedge_L$-Relation vorliegt. Hier kann man nur zwei verschiedene Typen von allgemeinen Ordnungszellen wie in Bild 2-8 dargestellt, präparieren; denn man kann ohne Beschränkung der Allgemeinheit $R(A,B) \geq R(B,A)$ und wegen der Vollständigkeit von R für beliebige A,B stets $R(A,B) \geq 0.5$ annehmen.

Für eine $\wedge_L$-Relation gilt

$$P(A,B) = \max \{ R(A,B) - R(B,A), 0 \} \quad \text{und}$$
$$I(A,B) = \max \{ R(A,B) + R(B,A) - 1, 0 \} .$$

Wegen der Vollständigkeit von R kann man auch schreiben:

$$I(A,B) = R(A,B) + R(B,A) - 1.$$

Setzt man darüber hinaus voraus, daß $P(A,B) > 0$, so erhält man mit $P(A,B) = R(A,B) - R(B,A)$:

$$\tag{2.3-r}$$

$$I(A,B) + P(A,B) = 2\,R(A,B) - 1 = R(A,B) \wedge_L R(A,B) \leq 1; \text{ d.h.,}$$

$I(A,B) + P(A,B) \leq 1.$ Es muß also $I(A,B) \leq \frac{1}{2}$ oder $P(A,B) \leq \frac{1}{2}$ sein.

Dies ist eine Darstellung der plausiblen Einsicht, daß Indifferenz und Präferenz zweier Alternativen nicht gleichzeitig hoch sein können.

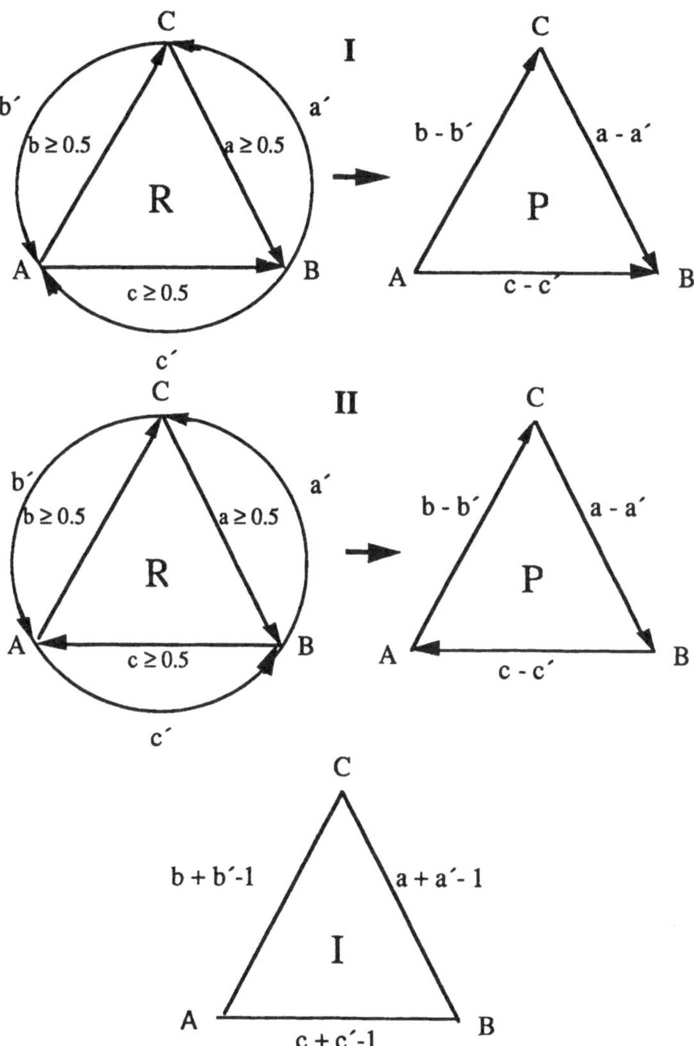

Bild 2-8: Die Ordnungszellentypen I und II für den Fall, daß R $\wedge_L$-Relation ist. Wegen der Vollständigkeit von R ist für jede Kante x: min $\{$ x, x´$\}$ ≥ 0.5. Außerdem wird ohne Beschränkung der Allgemeinheit stets x ≥ x´ vorausgesetzt. Stets gilt wegen der Transitivität auch a - a´+ b - b´ ≤ c - c´ + 1 beim Typ I , und beim Typ II b - b´+ a - a´ ≤ 1, a -a´+ c - c´ ≤ 1, c - c´+ b - b´ ≤ 1.

Sei nun für ein $\lambda \in [0,1]$ $0 < P(A,B) \leq \lambda$. $\Rightarrow$

$I(A,B) \geq R(A,B) \wedge_L R(A,B) - \lambda.$*   Mit $R(A,B) = \frac{1}{2}(1 + \varepsilon)$ $\Rightarrow$

$I(A,B) \geq \varepsilon - \lambda.$

Auf die gleiche Weise folgert man; wenn $I(A,B) \leq \lambda$

$P(A,B) \geq \varepsilon - \lambda.$

$$(2.3\text{-}s)$$

Das bedeutet, $P(A,B)$ *und* $I(A,B)$ *können, wenn* $R(A,B)$ *hinreichend groß ist, nicht gleichzeitig beliebig klein sein.*

Zum Schluß ein Fazit unserer Überlegungen: Zu einer schwachen Lukasiewicz-Präferenzrelation R kann man die Schar der gewöhnlichen Relationen $\{ P_\lambda / \lambda \in [0,1] \}$ betrachten. Von diesen interessieren natürlich nur die endlich vielen (bei endlicher Grundmenge X) voneinander verschiedenen. Von diesen wiederum offenbart die Menge der unter Umständen vorhandenen Lukasiewicz-transitiven antisymmetrischen Ordnungen die in den Daten $\{ R(A,B) / A,B \in X \}$ verborgene Ordnungsstruktur. Ein einfaches Beispiel wird in Bild 2-9 dargestellt.

---

* Altmann 1993 betrachtet den Fall für $\lambda = \frac{1}{2}$.

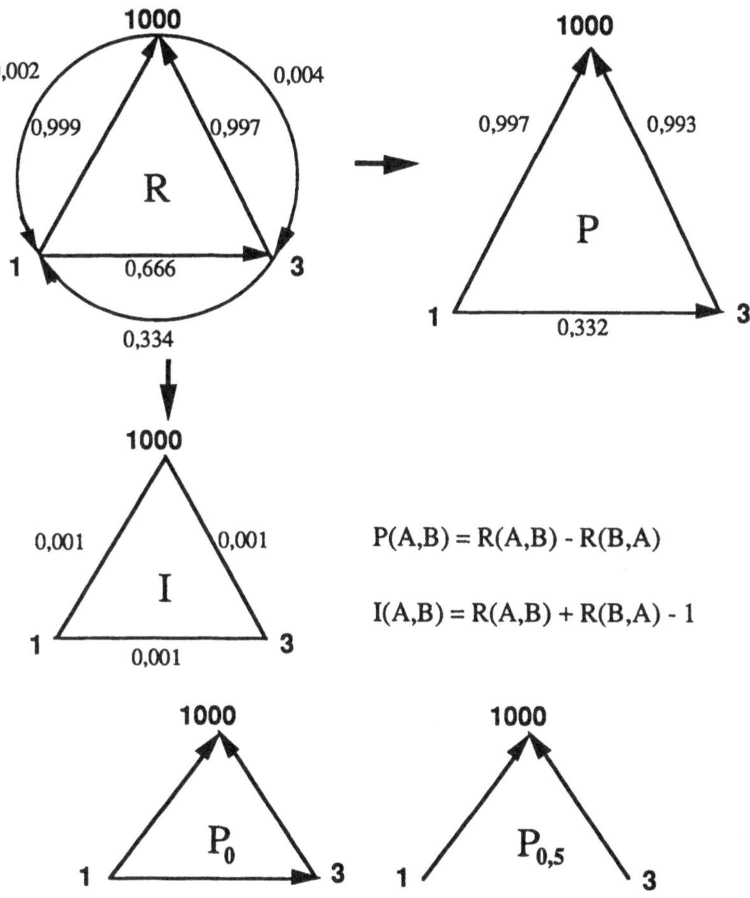

Bild 2-9: Für die Zahlenmenge { 1, 3, 1000 } sei eine schwache Ordnung R entsprechend dem Diagramm oben links gegeben. Die gewöhnliche Ordnung P_0 ist dann die übliche lineare Ordnung $1 \leq 3 \leq 1000$; $P_{0,5}$ ist keine vollständige Ordnung und ignoriert den Größenunterschied zwischen 1 und 3. Dieses reflektiert die Tatsache, daß 1000 ungemein viel größer als 1 und 3 ist. Die Nähe von 1 und 3 angesichts der Ferne von 1000 zu diesen beiden wird berücksichtigt. Wenn die Äquivalenzen klein sind, gibt es kaum interpretatorische Probleme.

2.4. Fuzzy-Mikrogeometrie

Die herausragende technisch-wissenschaftliche Anschauungsform des Wirklichen ist das Kontinuum. Den Prototypen des Kontinuums, an dem alle seine Eigenschaften erkannt werden können, sieht man in dem abgeschlossenen Intervall [0,1]. Wesentlich sind die drei Eigenschaften:

Abgeschlossenheit,   Vollständigkeit und   Beschränktheit.

Diese drei Forderungen reflektieren die Einheitlichkeit eines Anschauungsgegenstandes, den man als Kontinuum begreifen will: Abgeschlossenheit meint, daß die Grenzen des Gegenstandes diesem angehören, Vollständigkeit zielt auf die Lückenlosigkeit des als unendlich fein erscheinenden Substrates unseres Gegenstandes ab, und Beschränktheit weist auf die Endlichkeit jedes wirklich in seiner Gänze anschauungsfähigen Gegenstandes hin. Vom Standpunkt des Sensualisten, der der Ausgangspunkt jeder intersubjektivierbaren Reflektion der physischen Wirklichkeit ist, hat jeder als Einheit ´angeschaute´ Gegenstand diese drei Eigenschaften. Der ´angeschaute´ Wassertropfen kann nur mit seiner zu ihm gehörenden Hülle, lückenlos angefüllt mit dem scheinbar unendlich feinen Substrat Wasser, als endlich ausgedehnter Gegenstand wahrgenommen werden. Das ´Innere´ des Wassertropfens ist als einheitlicher Gegenstand nicht anschauungsfähig; es ist eine Abstraktion. Die molekulare Struktur des Substrates Wasser ist ebenso eine Abstraktion und würde, wenn sie anschauungsfähig wäre, die Einheitlichkeit unserer Anschauung sofort zersetzen. Schließlich ist überhaupt nur anschauungsfähig, was von endlicher räumlicher oder zeitlicher Ausdehnung ist. Nicht beschränkte, also unendliche Gegenstände gibt es nur als Abstraktionen.

Die stetige Abbildung des Intervalls [0,1] ergibt eine Kurve, die wieder ein Kontinuum ist. Stetigkeit und Kontinuum sind also enge Verwandte. Das Kontinuum wird als das Modell der wesentlichen Elementarprozesse angesehen: Wenn die Zeit zwischen zwei Zeitpunkten t, t´ abgelaufen ist, so unterstellen wir, daß jeder Zeitpunkt in der Zwischenzeit einem Punkt des Kontinuums [t, t´] entsprach. Wenn ein

Körper im Raum sich von einem Punkt A zu einem Punkt B bewegt hat, so unterstellen wir, daß jeder Punkt auf dem Kontinuum seiner Wegkurve von A nach B passiert wurde.

Ohne daß die moderne begriffliche Präzisierung des Kontinuums zur Verfügung stand, glaubten schon die Alten zu wissen: Natura non facit saltus. Die Verwendung des Kontinuums als Modell wirklicher Vorgänge bedeutet stets, daß Beobachtungen oder Meßwerte mit Punkten des Kontinuums identifiziert werden. Wenn die Dimensionen der Anschauungsgegenstände für unsere Sinne oder Meßgeräte so klein sind, daß tatsächlich verschiedene Sachverhalte nicht sicher als verschieden erkannt werden können, ist die geläufige Identifizierung mit Punkten des Kontinuums nicht adäquat. In diesem Fall wollen wir die Sprechweise ´kleiner Raum´ verwenden. Im ´kleinen Raum´ befinden wir uns also stets dann, wenn die Identifikation dessen, was gesehen oder gemessen wird, mit Punkten eines Kontinuums die tatsächlich gesehenen oder gemessenen Sachverhalte nicht reflektiert. Im gewöhnlichen uns umgebenden Raum, wie er von unseren sozusagen unbewaffneten Sinnesorganen wahrgenommen wird, stören die Idealisierungen des Kontinuums selten. Da die kosmischen Räume der Relativitätsphysik wie auch die ´kleinen Räume´ der Quantenphysik nicht zur evolutiv unmittelbar wirksamen natürlichen Umgebung des Menschen gehören, gab es auch keine Notwendigkeit, ihn mit Organen auszustatten, die ihm eine direkte Anschauung dieser Räume gestatten. Wir erweitern ständig die Bereiche der Welt, die durch ´direkte Anschauung´ zugänglich sind, um Bereiche der ´indirekten Anschauung´, von deren Existenz wir Kunde mithilfe von Messungen, also künstlich erzeugten Sinneseindrücken, erlangen. Die Meßwerte stellen wir uns wieder als Punkte eines Kontinuums vor, und statten dadurch geradezu zwanghaft die zu erkundenden Bereiche der indirekten Anschauung von vornherein mit einer Deutungsqualität aus, von der wir nicht wissen können, ob sie ein adäquates Modell der indirekt angeschauten Bereiche zuläßt. Das Kontinuum auch in seiner begrifflich durch die Mathematik - etwa von Dedekind - formulierten Fassung ist eine kulturell vermittelte Anschauungsform, die all unseren Raum- und Zeitvorstellungen unvermeidlich anhaftet. Erst wenn wir den uns umgebenden gewöhnlichen Raum anders wahrnehmen, als es uns die abendländische Tradition nahelegt, so wären wir in der Lage, statt der

Anschauungsform des Kontinuums eine andere an deren Stelle zu setzen. Dieser Weg konnte bis heute wegen der materiellen Superiorität abendländischer Denktraditionen nicht erfolgreich beschritten werden. Die Erfolge des Kontinuums sind bis heute so verführerisch, daß wir bei der Konstruktion neuer Raummodelle dieses eher als Konstruktionselement nehmen, als es wesentlich zu verlassen. Mag man dies auch bedauern, so ist es doch ein Faktum. Was man auch immer über die Fuzzy-Theorie hinsichtlich ihrer grundsätzlichen Nähe zu fernöstlichen Denkstrukturen spekulieren mag, sie basiert auf dem abendländischen Konstrukt des Kontinuums. Sie findet im fernen Osten ihre besonders fähigen Adepten in den längst von abendländischen wissenschaftstraditionen überwältigten Wissenschaftlern und besonders - den Ingenieuren.

Noch kein Mensch hat jemals einen Kreis oder einen Punkt wirklich gesehen. Was wir sehen sind Beugungsbilder von materiellen Gebilden, die sichtbar werden, weil an ihren ausgedehnten Oberflächen Lichtstrahlen sich anders verhalten, als wenn diese Gebilde nicht vorhanden wären. Sehen wir uns die ausgedehnte Oberfläche eines materiellen Gebildes, welches wir ohne zu zögern einen ´Punkt´ nennen würden, einmal genauer - z.B mit einem Mikroskop - an. Wir stellen fest, daß unser Punkt aus einer Vielzahl von Pigmenten auf einem Blatt Papier besteht. Diese Pigmente sind nicht nur einfach vorhanden, sondern so auf dem Papier verteilt, daß die räumlichen Dichteänderungen der Pigmente den Eindruck eines Punktes für unser Auge erzeugen. Diese Dichteänderungen lassen sich als Fuzzy-Menge idealisieren (Bild 2-10).

Alles, was wir sehen oder messen, ist im wesentlichen von dieser Art. Wir sehen und messen immer ausgedehnte Gebilde, nie Punkte des Kontinuums. Von diesen können wir mit einiger begrifflicher Anstrengung lediglich sagen, zu welchem Grade sie dem gesehenen oder gemessenen Gebilde angehören.

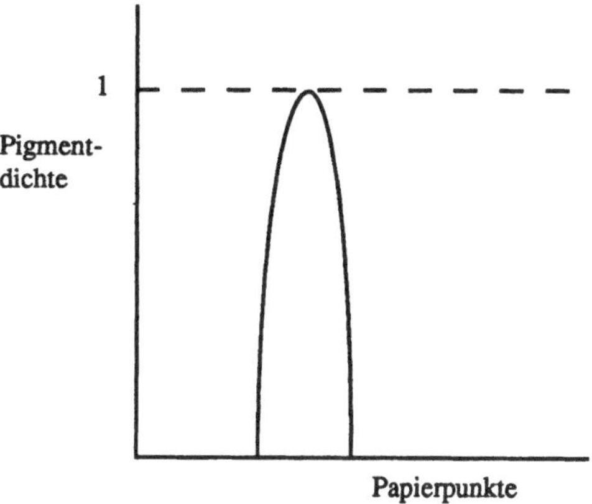

Bild 2-10: Punkt als Pigmentdichteverteilung. Als Fuzzy-Menge gedeutet, gibt die Verteilungskurve an, zu welchem Grade ein Punkt des gedachten Kontinuums 'Papierebene' zum Gebilde 'Punkt' gehört.

Wenn wir nun zwei solche Gebilde A und B von einem dritten C nicht unterscheiden können, so kann es dennoch sein, daß A und B unterscheidbar sind. Poincaré * beschrieb diesen Sachverhalt mit:

A = C und C = B   und A ≠ B

Dieser für Punkte des Kontinuums paradoxe Ausdruck, erschüttert uns als Eigenschaft des wahrnehmbaren kleinen Raumes keinesfalls. Uns ist ja klar, daß Ununterscheidbarkeit stets Ununterscheidbarkeit für unsere Sinne oder Meßinstrumente bedeutet, und nicht gleichzusetzen ist mit der Gleichheit der beobachteten Sachverhalte. Da wir nun aber am Kontinuum so hängen, wollen wir Poincarés Paradox vermeiden, also unsere Sachverhalte nicht mehr einfach gleichsetzen, nur weil wir sie für ununterscheidbar halten, sondern statt sie gleichzusetzen, lediglich ihre wechselseitige Ähnlichkeit mit Punkten des Kontinuums [0,1] identifizieren. Kehren wir deshalb noch einmal zu den Axiomen der Ähnlichkeit EQ(A,B), wie wir sie in (2.2-a) für Fuzzy-Mengen A,B ∈ F(X) eingeführt haben, zurück:

---

* Poincaré 1902,1904, siehe auch Menger 1979 und Höhle 1991.

i $EQ(A,A) = 1$ (Reflexivität)

ii $EQ(A,B) = EQ(B,A)$ (Symmetrie)

iii $EQ_A \wedge EQ_B \subset EQ(A,B)$ ($\wedge$-Transitivität)

($EQ_A \in FF(X)$, mit $EQ_A(B) := EQ(A,B)$)

Wenn wir uns im Lukasiewcz-Verband befinden, also für $C \in F(X)$

$$(EQ_A \wedge EQ_B)(C) = \max \{ EQ_A(C) + EQ_B(C) - 1, 0 \},$$

dann gilt wegen der Transitivität für den Fall, daß $EQ(A,B)=0$ ist, lediglich

$$EQ_A + EQ_B \subseteq F(X) \quad (\text{also für alle } C \in F(X): EQ_A(C) + EQ_B(C) \leq 1)$$

und nicht notwendigerweise $EQ_A \cap EQ_B = \varnothing$.

Wir haben es mit einer weiteren Besonderheit des Lukasiewicz-Verbandes zu tun. EQ_A können wir nämlich auffassen, als die Fuzzy-Äquivalenzklasse der zu A fuzzy-äquivalenten Fuzzy-Mengen aus $F(X)$. Das bedeutet für den Fall, daß A und B ganz unähnlich, also unterscheidbar sind, daß der gewöhnliche Durchschnitt ihrer Fuzzy-Äquivalenzklassen nicht verschwinden muß.

Wenn A und B unterschieden werden können, es also ein $\lambda \in (0,1)$ mit $EQ(A,B) < \lambda$ gibt (man kann dann auch sagen, A und B seien bei der Auflösung $\frac{1}{\lambda}$ unterscheidbar), so folgt aus iii lediglich

$$(EQ_A \wedge EQ_B)(C) < \lambda \quad \Leftrightarrow \quad EQ(A,C) + EQ(C,B) < \lambda + 1 \quad \Rightarrow$$

$$(EQ_A \cap EQ_B)(C) < \frac{1}{2}(\lambda + 1) \quad \text{für alle } C \in F(X).$$

D.h. die Fuzzy-Äquivalenzklassen von A und B können sich überlappen!

Führen wir in $F(X)$ nun folgende (scharfe) symmetrische und reflexive Relation ein,

$$A \approx C \quad \text{genau dann, wenn} \quad EQ(A,C) \geq \lambda$$

Wenn nun $EQ(A,B) < \lambda$, also $A \neq B$ und für ein $C \in F(X)$ $\min \{ EQ(A,C), EQ(B,C) \} \geq \lambda$, so gilt :

$$A \approx C , \quad B \approx C \quad \text{und} \quad A \neq B .$$

$'\approx'$ ist somit nicht transitiv. Die Axiome i,ii,iii lassen also in naheliegender Weise eine Ununterscheidbarkeitsrelation zu, die das Paradox von Poincaré reflektiert.

Eine weitere Besonderheit unseres Lukasiewicz-Verbandes $(F(X),\wedge,\vee,\neg)$ ist seine einfache Metrisierbarkeit. EQ ist eine Fuzzy-Menge von $F(X) \times F(X)$. Ihr Komplement $DI := 1 - EQ$ ist eine Metrik; denn es gilt:

$$DI(A,B) = 0 , \quad \text{genau dann, wenn} \quad A = B, \tag{2.4-a}$$

$$DI(A,B) = DI(B,A) \quad \text{und}$$

$$DI(A,C) + DI(C,B) \geq DI(A,B) \quad \text{(Dreiecksungleichung)}.$$

(Offensichtlich ist jede bezüglich irgendeines $\wedge'$ transitive Ähnlichkeitsrelation EQ , wenn stets für $a,b \in F(X)$ nur gilt $a \wedge b \subset a \wedge' b$, auch L-transitiv ; denn $\wedge'$-transitiv bedeutet $EQ_A \wedge' EQ_B \subset EQ(A,B)$ (s. hierzu (1.5-f)). D.h., durch jede solche Ähnlichkeitsrelation wird gemäß $DI := 1 - EQ$ eine Metrik induziert.)

DI induziert für jedes $A \in F(X)$ folgende Abbildung $D_A \in FF(X)$

$$D_A : \quad F(X) \quad \rightarrow \quad [0,1]$$
$$B \quad \rightarrow \quad D_A(B) := DI(A,B)$$

Es gilt die   Fuzzy-Unschärferelation:

$$D_A \cup D_B \; \supset \; \tfrac{1}{2}\, D_A(B) \quad (= \; \tfrac{1}{2}\, D_B(A) = \tfrac{1}{2}\, DI(A,B) \,);$$

(2.4-b)

insbesondere gilt für alle   A,B   mit   EQ(A,B) = 0 :

$$D_A \cup D_B \; \supset \; \tfrac{1}{2}$$

Beweis: $(D_A \cup D_B)(C) = \max \{ D_A(C), D_B(C) \}$

$$\geq \tfrac{1}{2}\,(D_A(C) + D_B(C)) \geq \tfrac{1}{2}\, D_A(B).$$ q.e.d.

3. Theorie des Möglichen

3.0. Übersicht

Im ersten Abschnitt werden ohne weitere kritische Diskussion die üblichen Begriffe der elementaren Wahrscheinlichkeitstheorie repetierend behandelt. Dies geschieht zu dem Zweck, den Begriff der *Wahrscheinlichkeit eines Fuzzy-Ereignisses* einzuführen. Hiermit ist die Verallgemeinerung des Begriffes ´Wahrscheinlichkeit, daß ein Ereignis in einer (scharfen) Menge A liegt´ zum Begriff ´Wahrscheinlichkeit, daß ein Ereignis in einer Fuzzy-Menge A´ liegt, gemeint. Semantisch ist hiermit nicht viel gewonnen; denn ´in einer Fuzzy-Menge´ kann man nicht liegen. Man kann nur mehr oder weniger - zu einem Grade - in ihr liegen. Es stellt sich heraus, daß der Begriff hinausläuft auf den ´mittleren Zugehörigkeitsgrad zur Fuzzy-Menge A bei einer großen Zahl von Stichproben (Elementarexperimenten)´.

Im zweiten Abschnitt verlassen wir die gewohnten Pfade, die Wahrscheinlichkeit für neuartige Ereignisarten auszuweiten, und wenden uns einem ganz anderen, auch auf Ereignisse bzw. Fuzzy-Ereignisse bezogenen, fuzzy-typischen Begriff zu. Dieser, die *Möglichkeit eines Ereignisses*, soll uns die Grundlage ganz und gar andersartiger Spekulationen über Ereignisse liefern, als wir es in der Wahrscheinlichkeitstheorie gewohnt sind. Ähnlich wie die Kolmogoroff-Axiome für die Wahrscheinlichkeit von Ereignissen, wird ein Axiomensystem für die Möglichkeit, Poss, von Ereignissen aufgerichtet, welches dem wahrscheinlichkeitstheoretischen insofern recht ähnlich ist, als es sich auch auf σ-Algebren einer Grundmenge X, bezieht und auch Poss(X) = 1, sowie Poss($\varnothing$) = 0 verlangt wird. Die entscheidende Frage aber, wie man die *Möglichkeit,* daß ein Ereignis A oder ein Ereignis B eintritt - Poss(A $\cup$ B) - wird ganz anders behandelt als die *Wahrscheinlichkeit,* daß A oder B eintritt, Prob(A $\cup$ B).

Im dritten Abschnitt kommen wir dann endlich dazu, die als Gegensatz zur Eintrittswahrscheinlichkeit eines Ereignisses entwickelte *Eintrittsmöglichkeit* eines Ereignisses, anzuwenden. Das Feld, in dem wir dieses tun, ist durch den Begriff der *Zuverlässigkeit* abgesteckt. Nachdem die seit dem letzten Weltkrieg zunächst als Frucht militärischer Forschung entstandene elementare statistische Zuverlässigkeitstheorie steil behandelt wird, führen wir den neuen Begriff der *possibilistischen Zuverlässigkeit* ein. Dieser ist semantisch nicht gebunden an die in der Statistik unerläßlichen ´großen Anzahlen´. D.h. die possibilistische Zuverlässigkeit ist eine Eigenschaft einzelner oder weniger ´Aggregate´. Der neue Begriff setzt uns in die Lage, sinnlose Begriffe wie ´statistische Zuverlässigkeit von Kernkraftwerken eines bestimmten Typus´, ´statistische Zuverlässigkeit von Weltraumraketen eines bestimmten Typus´ zu vermeiden. Wir werden sehen, daß die possibilistische Zuverlässigkeit von Aggregaten, die aus Einheiten zusammengesetzt sind, deren possibilistische Zuverlässigkeiten bekannt sind, sich ganz anders (intuitiv verstehbar) verhalten, als die statistische Zuverlässigkeit.

Im vierten und letzten Abschnitt dieses Kapitels verfolgen wir einen ähnlichen Grundgedanken wie im vorhergehenden. Wir fassen einen elementaren, nur im statistischen Kontext verstehbaren Begriff neu an, so daß er auch ohne Bezug auf ´große Anzahlen´ sinnvoll ist. Es handelt sich hier um den Begriff *Information*. Auch wenn keinerlei Kenntnisse über die Wahrscheinlichkeiten des Auftretens von Ereignissen vorliegen, so haben wir doch häufig Kenntnisse anderer Art, die uns veranlassen, *überrascht* zu sein, wenn ein bestimmtes Ereignis eintritt. Information ist aber nur ein normiertes Maß für den *Überraschungseffekt,* den ein eingetrtetenes Ereignis hervorruft. Der hier neu eingeführte Informationsbegriff, *possibilistische Information*, setzt keine Wahrscheinlichkeitsverteilung der Information vermittelnden Ereignisse voraus, wie es der Shannonsche Informationsbegriff verlangt. Er kommt mit der semantisch weit weniger einschränkenden *Möglichkeitsverteilung* der Ereignisse aus. Der Autor nimmt den Standpunkt ein, daß der neue diskutierte Begriff, *possibilistische Entropie einer Nachrichtenquelle,* den man auch als possibilistischen Unsicherheitsgrad über den Ausgang eines einzelnen Versuchs interpretieren kann, das Elementarphänomen Information grundlegend neu zu diskutieren gestattet.

3.1. Die Wahrscheinlichkeit von Fuzzy-Ereignissen

In der Wahrscheinlichkeitstheorie, die ja die theoretische Grundlage der mathematischen Statistik ist, faßt man denkbare Ergebnisse eines unbeschränkt wiederholbaren Experimentes zu einer Menge X, der Menge der Elementarereignisse, zusammen.

Standardbeispiel hierfür ist das Würfeln; X ließe sich hier mittels der Menge $\{1,2,3,4,5,6\}$ repräsentieren, wobei die Zahlen jeweils jenes Elementarereignis, daß die jeweilige Zahl als Ergebnis eines Wurfes (Experiments) erscheint, bezeichnen.

Ordnet man jedem Elementarereignis aus X z.B. die Zahl der gewürfelten Augen oder auch einen Geldbetrag zu, der bei der gewürfelten Augenzahl auszuzahlen oder einzuziehen wäre, so nennt man eine solche Zuordnung $Z : X \to R$ eine Zufallsvariable.

Aus der Menge der Elementarereignisse kann man gedanklich andere Ereignisse konstruieren, so z.B. beim Würfeln das Ereignis 'eine Augenzahl zwischen 2 und 5 ungleich 4 zu werfen'. Dieses Ereignis ließe sich vollkommen durch die Teilmenge $\{2,3,5\}$ beschreiben. Da die Menge aller Teilmengen aus der Menge der Elementarereignisse $P(X)$ sehr groß sein kann, ist es aus praktischen Gründen oft sinnvoll, sich auf kleinere Mengensysteme, Ereignisalgebren, $\sigma(X) \subset P(X)$ zu beschränken. Für diese müßte mindestens gelten:

$$(3.1\text{-}a)$$

$$\emptyset \in \sigma \ , \ X \in \sigma$$

$$A_i \in \sigma \ \Rightarrow \ \cup A_i \in \sigma \ \text{und} \ \cap A_i \in \sigma \qquad (i \in N)$$

$$A , B \in \sigma \ \Rightarrow \ A - B \in \sigma$$

Ein Wahrscheinlichkeitsmaß, d.h. eine Vorschrift, die jedem als Teilmenge unserer Ereignisalgebra aufgefaßten Ereignis eine Zahl zwischen 0 und 1 - die Wahrscheinlichkeit des Eintreffens dieses Ereignisses - zuordnet, muß unseren intuitiven und durch die Ergebnisse der auszählenden Statistik gewonnenen Vorstellungen entsprechen. Diese Vorstellungen von der Wahrscheinlichkeit laufen auf eine idealisierte relative Häufigkeit bei unendlich vielen Realisierungen eines Experimentes hinaus: Prob(A), die Wahrscheinlichkeit des

Eintreffens eines Ereignisses A, wird in diesem Sinne (von Mises 1931) aufgefaßt als

$$\text{Prob (A)} \quad = \quad \lim_{n \to \infty} \frac{\text{Trefferzahl bei n Versuchen}}{n}$$

Hier interessieren nicht so sehr die erkenntnistheoretischen Schwierigkeiten dieser Auffassung, die sich einerseits aus der prinzipiellen selbst gedanklich nur schwer zu überwindenden Endlichkeit jeder Versuchsreihe ergeben, andererseits auch aus Gründen der quantentheoretischen Unschärfe die Existenz obigen Grenzwertes in Frage stellen können. Wir wollen uns um andere Schwächen der wahrscheinlichkeitstheoretischen und statistischen Betrachtungsweise kümmern:

- Bei kleinen Anzahlen der Realisierungen von Experimenten sind Kenntnisse über die statistische Wahrscheinlichkeit des Auftretens eines Ereignisses in der Regel wertlos.
- Die ´Ereignisse´, die betrachtet werden, sind stets von der Art, daß sie vollständig eintreffen oder nicht. Graduelles Eintreffen von Ereignissen gibt es nicht.

Die populären Mißverständnisse der Statistik setzen häufig hier an; denn der umgangssprachliche Begriff *wahrscheinlich* wird umgangssprachlich auch auf kleine Realisierungen von 'Experimenten' angewendet, so daß der Gebrauch des gleichen Wortes mit widersprechenden Begriffsinhalten zu Täuschungen führen kann.

Wenn zum Beispiel mehrere Indizien aus der Untersuchung eines Verbrechens auf eine bestimmte Person als Täter hinweisen, so wird unter Umständen gesagt, daß mit an *Sicherheit grenzender Wahrscheinlichkeit* diese Person der Täter sei. Hierbei ist keineswegs gemeint, daß man nur eine statistisch hinreichend große Zahl gleicher oder gleichartiger Verbrechen auszählen müßte, um herauszukriegen, daß bei gleicher Indizienkonstellation mit großer relativer Häufigkeit eine bestimmte Person als Täter zu identifizieren wäre. Diese Auffassung wäre auch sachlogisch unhaltbar, da Verbrechen in der Regel Unikate sind, die sich einer statistischen Klassifizierung, jedenfalls zum Zweck der Täteridentifizierung in 'gleichartige', in der Regel entziehen. Gemeint ist vielmehr, daß ein mit den Kausalzusammenhängen des Verbrechens vertrauter Mensch zu einem sehr hohen Grade davon überzeugt ist, daß die bezeichnete Person der Täter ist, und daß diese Überzeugung intersubjektiv vermittelt werden kann. Der umgangssprachliche Begriff ´wahrscheinlich´ ist daher ein gradueller. Er meint eher den Grad der Möglichkeit, daß ein Ereignis eintritt, als das, was man statistisch als die Eintrittswahrscheinlichkeit des Ereignisses bezeichnet.

So ´statistisch´ es auch klingen mag, wenn in Gerichtsprotokollen ein rechtlich erheblicher Sachverhalt mit *an Sicherheit grenzender Wahrscheinlichkeit* angenommen wird, so darf nicht vergessen werden, daß es sich keinesfalls um eine auch nur im weiteren Sinne statistische, sondern um eine *vage* Annahme handelt. Die Statistik kennt kein graduelles Eintreffen eines Ereignisses; sie zählt vielmehr die ganz und gar eingetretenen Ereignisse aus und vergleicht das Ergebnis mit der Anzahl der ganz und gar nicht eingetretenen Ereignisse. Auf die so angedeutete Schwäche statistischer Ansätze zur Modellierung wirklicher Sachverhalte kommen wir in dem Abschnitt 'Fuzzy-Zuverlässigkeit' zurück.

Für ein Wahrscheinlichkeitsmaß   Prob : $\sigma \rightarrow [\,0,1\,]$ muß gelten:

$$(3.1\text{-}b)$$

$\text{Prob}(\,X\,) = 1$,   und   für $\{\,A_i \in \sigma\ /\ i \neq j \Rightarrow A_i \cap A_j = \emptyset\,\}$

$\text{Prob}(\,\cup\,A_i\,) = \sum \text{Prob}(\,A_i\,)$.

Für den Fall, daß $\sigma(X) = P(X)$ ist, nennt man eine Zuordnung, die jedem Ereignis $x \in X$ eine reelle Zahl $Z(x)$ zuordnet, eine Zufallsvariable $Z : X \rightarrow R$.

Wenn $\sigma(X) \neq P(X)$, so kann nicht jede beliebige Funktion $Z : X \rightarrow R$ als Zufallsvariable zugelassen werden; es muß vielmehr verlangt werden, daß für jedes Intervall $I \subset R$ die Menge

$\{\,x\ /\ Z(x) \in I\,\} \in \sigma$ ist.

Für derartige Zufallsvariable ist die kumulative *Wahrscheinlichkeits-verteilung* $P : R \rightarrow [0,1]$ definiert durch :

$$P(r) := \text{Prob} (\{ \, x \, / \, Z(x) \leq r \, \})$$

Für den Fall, daß X endlich ist, oder $P : R \rightarrow [\, 0,1 \,]$ stetig und fast überall differenzierbar ist,   gibt es eine Funktion $p : R \rightarrow R^{+}$ mit

$$\Sigma_{r_i \leq r} \; p(\, r_i \,) \; = \; P(\, r \,) \qquad \text{bzw} \qquad \int_{s \leq r} p(s)ds \; = \; P \, (\, r \,).$$

p nennen wir die *Wahrscheinlichkeitsverteilung* oder einfach die *Verteilung* von Z *.

Für ein Intervall $I \subset R$ wird die Wahrscheinlichkeit, daß die Zufalls-variable Z   einen Wert in   I   annimmt, bezeichnet mit:

$$\text{Prob}(\, Z \in I \,) := \text{Prob}(\, I \,) := \text{Prob}(\{ \, x \, / \, Z(\, x \,) \, \in I \, \}) \, .$$

Es gilt :

$$\text{Prob}(\, I \,) \; = \; \int_{I} dP \quad (= \; \int_{I} p(s)ds \; =: \; \int (I \wedge p)(x)dx \,).$$

(Hierbei kann $\wedge$ jede beliebige t-Norm wie in   (1.5-b) definiert, sein. Im folgenden beschränken wir uns allerdings auf die Produktnorm $\wedge = \wedge_P$.)

Diese der Durchsichtigkeit wegen für eindimensionale Zufalls-variable $Z : X \rightarrow R$ gegebene Darstellung läßt sich für n-dimen-sionale Kompositionen von Zufallsvariablen $Z = (Z_1, Z_2, ..., Z_n)$,

---

* In der deutschen Literatur wird p regelmäßig Wahrscheinlichkeitsdichte genannt.

völlig analog behandeln. Man erhält dann im kontinuierlichen Fall für meßbare Mengen $A \subset R^n$:

$$\text{Prob } (A) \; = \; \int_A dP \; = \; \int A(x)p(x)dx \; = \; \int (A \wedge p)(x)dx \; ,$$

wobei p, die zu Z gehörige n-dimensionale Verteilung, existieren möge.

Faßt man nun $A \subset R^n$ als (uneigentliche) Fuzzy-Menge $A: R^n \to [0,1]$ auf, so schreiben wir auch

$$\text{Prob } (A) \; = \; [\, A \wedge p \,],$$

wobei mit der Notation $[\, F \,]$ für eine Fuzzy-Menge F auf X gemeint ist:

$$[\, F \,] \; := \; \begin{cases} \sum F(x), & \text{wenn X höchstens abzählbar und die Summe existiert,} \\ \int F(x)dx, & \text{wenn X überabzählbar und das Integral existiert.} \end{cases}$$

(Diese Definition stimmt natürlich mit der von (1.4-a) für endliche Grundmengen X überein. Man hätte es hier auch ohne großen Schaden bei dieser Definition belassen können und weiterhin nur den endlichen Fall betrachten können.)

Es liegt nun nahe, diese Definition der Wahrscheinlichkeit, daß eine Zufallsvariable Werte in einer vorgegebenen Menge A annimmt, auf eigentliche Fuzzy-Mengen auszudehnen (Zadeh 1968).

Sei nun $A \subset R^n$ eine (p-meßbare*) Fuzzy-Menge :

$$\textbf{Prob}(A) \; := \; [\, \textbf{A} \wedge \textbf{p} \,] \tag{3.1-c}$$

---

* Wir können diese Einschränkung auch weglassen und stattdessen definitorisch sagen: Prob (A) := [A $\wedge$ p] wenn die rechte Seite dieser Gleichung existiert.

Wir sagen, Prob(A) ist die *Wahrscheinlichkeit des Fuzzy-Ereignisses* (unscharfen Ereignisses), daß die Zufallsvariable Z mit der Verteilung p Werte in der Fuzzy-Menge A annimmt. Dies ist natürlich nur eine Redeweise, denn die Formulierung, "Z nehme in der Fuzzy-Menge A Werte an", ist für Fuzzy-Mengen ja sinnlos.

Wegen des Durchschnittes $\wedge$ sieht man intuitiv, daß Prob(A) mißt, wie stark p und A übereinstimmen; denn je mehr p und A überlappen, desto größer ist Prob(A).

Wie kann man nun Prob(A) interpretieren, wenn A eine Fuzzy-Menge ist? Wiederholt man mithilfe der Zufallsvariablen Z ein Elementarexperiment n-mal in der Weise, daß sichergestellt ist, daß das jeweils durchzuführende Experiment von den vorhergegangenen unbeeinflußt ist, so gilt für den Fall, daß A eine gewöhnliche Menge ist, und $\{\, r_i\, ;\, i=1,...,m\,\}$ die Treffer unter den Ausgängen $\{\, t_j\, /\, j=1,...,n\,\}$ der Experimente sind, (d.h. $\{\, r_i\, ;\, i=1,...,m\,\} = \{\, t_j\, /\, A(t_j) = 1\,\}$.)

$$\text{Prob}(A) = \lim_{n\to\infty} \frac{1}{n} \sum_{r_i} 1 = \lim_{n\to\infty} \frac{1}{n} \sum_i A(r_i) = \lim_{n\to\infty} \frac{1}{n} \sum_j A(t_j)$$

Die rechte Seite dieser Gleichung ist ein Ausdruck, der auch für Fuzzy-Mengen A definiert wäre. *Es liegt daher nahe, Prob(A) als mittleren Zugehörigkeitsgrad zu A aufzufassen, der sich ergibt, wenn eine große Zahl von Elementarexperimenten mithilfe der Zufallsvariablen Z angestellt werden.*

Wegen

$$\text{Prob}(A) = [\, A \wedge p\,] = \int A(x)p(x)dx \quad (\text{oder } = \sum A(x)p(x)\,)$$

läßt sich Prob(A) auch als Erwartungswert E(A) der Zufallsvariablen A mit der Wahrscheinlichkeitsverteilung p auffassen.

Die *bedingte Wahrscheinlichkeit eines Fuzzy-Ereignisses* A relativ zu
einem anderen Fuzzy-Ereignis B läßt sich als Fortsetzung der für
scharfe Ereignisse gewohnten Festlegung definieren:

$$\mathbf{Prob(A/B)} \quad := \quad \mathbf{Prob(A \wedge B) \ / \ Prob \ (B)} \ . \tag{3.1-d}$$

Die *Unabhängigkeit* zweier Fuzzy-Ereignisse A und B ist gegeben, wenn

$$\mathrm{Prob}(A \wedge B) = \mathrm{Prob}(A) \cdot \mathrm{Prob}(B) \quad \text{gilt.} \tag{3.1-d1}$$

Man sieht leicht auch: $\tag{3.1-e}$

$$\mathbf{Prob(A \cup B)} \quad = \quad \mathbf{Prob(A)} \ + \ \mathbf{Prob(B)} \ - \ \mathbf{Prob(A \cap B)}$$

sowie

$$\mathbf{Prob(A \vee B)} \quad = \quad \mathbf{Prob(A)} \ + \ \mathbf{Prob(B)} \ - \ \mathbf{Prob(A \wedge B)} .$$

Es gilt auch:

$$\mathbf{A \ \subseteq \ B} \quad \Rightarrow \quad \mathbf{Prob \ (A)} \ \leq \ \mathbf{Prob(B)}.$$

Der Erwartungswert E(Z,A) der Zufallsvariablen Z mit der Verteilung
p auf der Fuzzy-Menge A von R läßt sich folgendermaßen definieren:

$$E(Z,A) \ = \ \frac{E(Z \wedge A)}{\mathrm{Prob}(A)} \ \cdot \tag{3.1-f}$$

Hierbei ist $E(Z \wedge A)$ der gewöhnliche Erwartungswert jener Zufallsvariablen mit der Verteilung p, die dem Ereignis x den Wert
$Z(x) \cdot A(Z(x))$ zuordnet. $E(Z \wedge A) = \sum Z(x) \cdot A(Z(x)) \cdot p(x)$.

Wenn $A = R$, also $A(z) \equiv 1$ auf ganz R, dann erhält man

$$E(Z,R) \ = \ \frac{E(Z \wedge R)}{\mathrm{Prob}(R)} \ = \ \frac{E(Z \wedge 1)}{1} \ = \ E(Z),$$

den gewöhnlichen Erwartungswert.

Zur Veranschaulichung zwei Beispiele:

(1)

Man nehme an, daß der Verschleiß von ´Aggregaten´ im wesentlichen durch stochastische (zufällige) Einflüsse bestimmt ist. Diese Annahme ist häufig bei technischen Geräten im Gebrauch oder bei Lebewesen, die einer Strahlungsquelle ausgesetzt wurden, realistisch.

Die Verschleißgeschwindigkeit Z möge die Verteilung p haben.

Zu jedem Zeitpunkt t sei A_t die Fuzzy-Menge der ´ziemlich verschlissenen´ Aggregate.

Die Wahrscheinlichkeit dafür, daß zum Zeitpunkt t eine Stichprobe ein ´ziemlich verschlissenes´ Aggregat realisiert, ist dann gemäß (3.1-c):

$$\text{Prob}(A_t) = [\, A_t \wedge p \,].$$

Auf Kandel[*] geht folgende Berechnung zurück:

Die zu Z gehörige Verteilung p der Verschleißgeschwindigkeiten leite sich aus der Gammaverteilung $\Gamma(\alpha,\beta)$ mit $\alpha = \dfrac{1}{a}$ und $\beta = 2$ ab :

$$p(x) = \frac{x}{a^2}\, e^{\frac{-x}{a}}.$$

Die Fuzzy-Menge der zum Zeitpunkt t ´ziemlich verschlissenen´ Aggregate sei

$$A_t(x) := 1 - e^{\frac{-x \cdot t}{x´ \cdot u´}},$$

wobei $x´u´$ den durch die Kenntnis der speziellen Aggregate gegebenen Grenzverschleiß bedeutet. D.h. $A_t(x)$ ist die Fuzzy-Menge

---

[*] Kandel, A. 1986. Siehe auch Bandemer,H; Gottwald,S. 1989.

derjenigen Aggregate, deren Verschleiß   x·t   ´fuzzy-größer´ ist als der Grenzverschleiß   x´·u´.

Man erhält

$$\mathrm{Prob}(A_t) = [\ A_t \wedge p\ ] = 1 - (\ 1 + \frac{a \cdot t}{x´ \cdot u´}\ )^{-2}.$$

(2)

Nehmen wir an, daß für eine bestimmte Position in einem Konzern aus einer großen Zahl von Kandidaten jemand ausgewählt werden soll, der der vagen Mindestbedingung **´jung und alt genug´** genügen soll. Die Altersverteilung p der Kandidaten sei bekannt .

Frage: Wie groß ist die Wahrscheinlichkeit, daß ein beliebig herausgegriffener Kandidat der vagen Bedingung ´jung und alt genug´ entspricht?

Aus Bild 3-1 ersieht man, daß keiner der Kandidaten im Sinne der gewöhnlichen Ausschließlichkeitslogik der Bedingung ´jung und alt genug´ vollständig (d.h., mit dem Maße 1) entspricht, da ja

$$´\text{jung und alt genug´} = ´\text{jung´} \cap ´\text{alt genug ´}$$
$$= \min\ \{\ \text{jung, alt genug}\ \} < 1.$$

In der nichtidealisierten Realität befindet man sich häufig in einer derartigen Situation. Schließlich sind die Vorstellungen der Personalmanager über die beiden Begriffe ´jung´ und ´alt genug´ unabhängig von der tatsächlichen Menge der Bewerber entstanden. Nehmen wir an, daß die Stelle unbedingt aus der Menge der vorhandenen Bewerber besetzt werden muß. (Dies entspricht der allgemeinen Situation, daß eine Aufgabe unbedingt mithilfe vorhandener Mittel erledigt werden muß. Hierbei wird aus pragmatischen Gründen nolens volens ein nicht unbedingt im strengen Sinne optimaler Erledigungsgrad akzeptiert.)

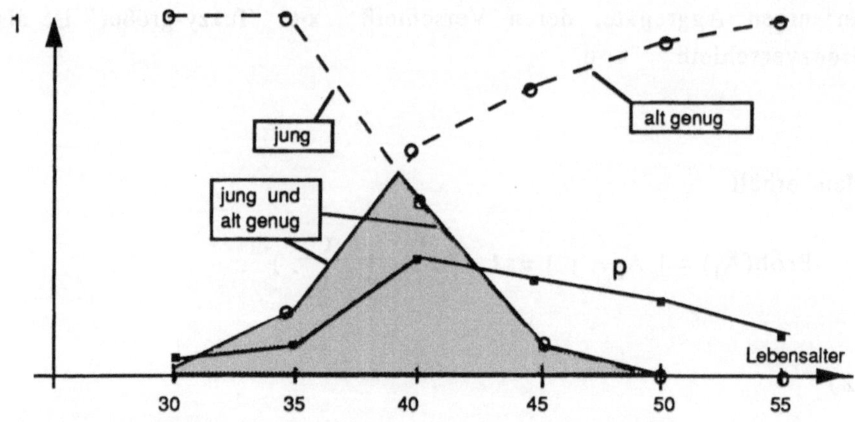

Bild 3-1: Darstellung der Fuzzy Mengen ´jung´, ´alt genug´ sowie ´jung und alt genug´ und die Altersverteilung der Kandidaten.

Aus den empirisch gemäß den Vorstellungen der Personalmanager ermittelten Werten für ´jung´ sowie ´alt genug´ möge sich für die Bedingung ´jung und alt genug´ unter Einschluß der Verteilung p folgende Tabelle ergeben; (s. auch Bild 3-1):

Lebensalter l_i	J = ´jung´	A = ´alt genug´	A ∩ J = ´jung und alt genug´	p
30	1	0,01	**0,01**	0,05
35	1	0,18	**0,18**	0,08
40	0,48	0,55	**0,48**	0,31
45	0,09	0,7	**0,09**	0,26
50	0,01	0,9	**0,01**	0,2
55	0	1	**0**	0,1

Prob $(A \cap J)$ $= [(A \cap J) \wedge p] = \sum_i (A \cap J)(l_i) \cdot p(l_i) =$ **0.182**

D.h., der mittlere Zugehörigkeitsgrad der Bewerber zur vagen Kategorie der Bewerber, die ´jung und alt genug´ sind, wäre knapp $\frac{1}{5}$. Unterstellen wir, daß Prob$(A \cap J)$ den für die Stelle in Frage kommenden Anteil der Bewerber aus der Menge aller Bewerber bezeichnet, wie wir es ohne weiteres tun würden, wenn $A \cap J$ eine gewöhnliche Menge wäre, so würden wir die 18,2 % der Bewerber mit den höchsten Zugehörigkeitsgraden zur Fuzzy Menge $A \cap J$ zu weiteren Vorstellungsgesprächen einladen.

Das Durchschnittsalter der in Frage kommenden Bewerber wäre:

$$E(\text{Lebensalter}, A \cap J) \;=\; \frac{E(Z \wedge (A \cap J))}{\text{Prob}(A \cap J)} \;=\; \frac{7,624}{0,182} \;\; \text{Jahre}$$

$$= \; 40,3 \; \text{Jahre}$$

3.2. Die Möglichkeit von Fuzzy - Ereignissen

Ein guter Würfel wird bei einer großen Zahl von Würfen mit der relativen Häufigkeit von jeweils angenähert $\frac{1}{6}$ eine bestimmte Augenzahl zeigen. Bei einer Steigerung der Anzahl von Würfen wird die relative Häufigkeit immer weniger von $\frac{1}{6}$ abweichen. Man sagt dann, daß die Wahrscheinlichkeit, mit dem Würfel eine '5' zu werfen, $\frac{1}{6}$ sei:

$$\text{Prob } (5) = \frac{1}{6} \ .$$

Bei einem Würfelspiel, welches für den Fall, daß eine '5' geworfen wird, einen Gewinn von 5060 DM, andernfalls einen Verlust von 1000 DM garantiert, bietet die Kenntnis von $\text{Prob } (5) = \frac{1}{6}$ und somit $\text{Prob(nicht 5)} = \frac{5}{6}$ eine gute Entscheidungsgrundlage dafür, ob man an dem Spiel teilnehmen sollte oder nicht. Voraussetzung für diese Art der Betrachtungsweise ist allerdings, daß zur Spielvereinbarung gehört, daß eine große Zahl von Einzelspielen zu spielen ist!

Für die statistische Gewinnerwartung E pro Spiel gilt dann:

$$E = \text{Prob } (5) \cdot 5060 - \text{Prob (nicht 5)} \cdot 1000 = 10.$$

Bei 30 Würfen pro Stunde könnte längerfristig mit einem Stundengewinn von 300 DM gerechnet werden. Wenn allerdings nur sehr wenige - etwa nur einer oder nur drei - Würfe vorgesehen sind, so bietet die Kenntnis $\text{Prob(5)} = \frac{1}{6}$ überhaupt keine Entscheidungsgrundlage. In einer derartigen Situation wird die *Möglichkeit,* 5060 DM schon bei einem einzigen Spiel zu verlieren, eine wesentlich gößere Rolle spielen als in der Situation, wo eine Vielzahl von Spielen vorgesehen ist. In realen Entscheidungssituationen liegen aber häufig solche Fälle vor.

Die *Möglichkeit* des Eintreffens eines Ereignisses $A \in P(X)$ bezeichnen wir mit Poss(A) und nehmen $0 \leq \text{Poss(A)} \leq 1$ an.
$\text{Poss(A)} = 0$ heißt, daß das Ereignis A unmöglich eintreffen kann, und $\text{Poss(A)} = 1$, daß wir die Möglichkeit seines Eintreffens uneingeschränkt

annehmen. (Es heißt **nicht,** daß wie bei Prob(A)=1 sein Eintreffen als sicher angenommen werden kann.)

Intuitiv ist weiterhin klar, daß für zwei Ereignisse $A, B \in P(X)$ gelten sollte : Poss($A \cup B$) = max { Poss(A),Poss(B) }.

Wir sagen dann, daß für eine Ereignisalgebra $\sigma \subset P(X)$ durch

Poss : $\sigma \to [\,0,1\,]$ mit den Eigenschaften

$$(3.2\text{-}a)$$

Poss(X) = 1 , Poss($\varnothing$) = 0

Poss($\cup A_i$) = $\sup$ { Poss(A_i) / $i \in I$ (beliebige Indexmenge)}

ein *Möglichkeitsmaß* auf der Ereignisalgebra σ gegeben ist.

Eine Variable mit Werten in X induziert den Begriff der

$$(3.2\text{-}b)$$

Möglichkeitsverteilung $\Pi : X \to [0,1]$,

wobei $\Pi(x)$ als der Möglichkeitsgrad aufgefaßt wird, daß die Variable den Wert x annimmt.

Man bemerke, daß Π sich auch als Fuzzy-Menge auf X auffassen läßt. Unterstellt man $\sup \Pi(x) = 1$, dann ist durch

$$\text{Poss}(A) \quad := \quad \sup_{x \in A} \Pi(x) \quad = \text{sup}(A \cap \Pi) \qquad (3.2\text{-}c)$$

ein Möglichkeitsmaß auf $P(X)$ definiert.

Umgekehrt induziert ein Möglichkeitsmaß auf $P(X)$ eine Möglichkeitsverteilung $\Pi : X \to [\,0,1\,]$ durch $\Pi(x) := \text{Poss}(\{x\})$.

Da der Ausdruck $\sup(A \cap \Pi)$ (ähnlich wie bei der Definition der Wahrscheinlichkeit von Fuzzy-Ereignissen der Ausdruck $[\ A \wedge p\ ]$) wieder auch für Fuzzy-Mengen A definiert ist, erweitern wir Poss für Fuzzy-Mengen A :

$$Poss(A) \ := \ \sup(A \cap \Pi) \qquad\qquad (3.2\text{-}d)$$

Poss (A) fassen wir als den Möglichkeitsgrad des Eintreffens jenes Fuzzy-Ereignisses auf, daß die Variable Werte in der Fuzzy-Menge A annimmt (Zadeh,1978).

Eine normale Fuzzy-Menge Π , deren Wert an der Stelle $x \in X$ aufgefaßt wird als Möglichkeitsgrad, daß eine Variable x als Funktionswert annimmt, induziert also ein Möglichkeitsmaß

$$Poss : F(X) \to [0,1].$$

Auch hier sieht man, daß wegen des Durchschnittes $\cap$ von Fuzzy-Mengen mit Poss(A) eine Art von Übereinstimmung zwischen Π und A gemessen wird. (Ähnlich wie mittels Prob(A) zwischen p und A eine Übereinstimmung gemessen werden kann.)

Man überzeugt sich leicht, daß für Fuzzy-Mengen $A,B \in F(X)$ gilt:

$$(3.2\text{-}e)$$

$$A \subseteq B \quad \Rightarrow \quad Poss\ (A) \ \leq \ Poss\ (B) \qquad \text{sowie}$$

$$Poss(A \cup B) \ = \ \max\ \{\ Poss(A), Poss(B)\ \}.$$

Betrachtet man gleichzeitig ein Wahrscheinlichkeitsmaß und ein Möglichkeitsmaß auf der gleichen Menge von Elementarereignissen X, so sind diese Maße nur konsistent, d.h. mit unserer Intuition verträglich, wenn für ein Fuzzy-Ereignis $A \in F(X)$ stets gilt:

$$Prob\ (A) \ \leq \ Poss\ (A). \qquad\qquad (3.2\text{-}f)$$

Das bedeutet, was wahrscheinlich ist, ist erst recht möglich oder wie
Zadeh (1978) es ausdrückt:

> "What is possible may not be probable and what is improbable
> may not be impossible!"

Die Kenntnis von der Wahrscheinlichkeit des Eintreffens eines Ereignisses ist lediglich die Kenntnis von Eigenschaften einer kumulierten
Menge von Realisierungen dieses Ereignisses. Lediglich die sprachliche
Form 'Wahrscheinlichkeit eines Ereignisses' verführt bei unkritischer
Verwendung des Wahrscheinlichkeitsbegriffes dazu, auf Eigenschaften
einzelner oder weniger Realisierungen von Ereignissen zu schließen.
Dies liegt daran, daß die unkritische Verwendung des Wahr-
scheinlichkeitsbegriffes bedeutet, daß er einfach als 'Möglichkeitsgrad
des Ereignisses' interpretiert wird. Dieses Verhalten hat bei großen
Wahrscheinlichkeiten wegen   Prob (A) ≤ Poss (A)   einen rationalen
Kern: Bei großer Wahrscheinlichkeit eines Ereignisses ist auch seine
Möglichkeit groß.

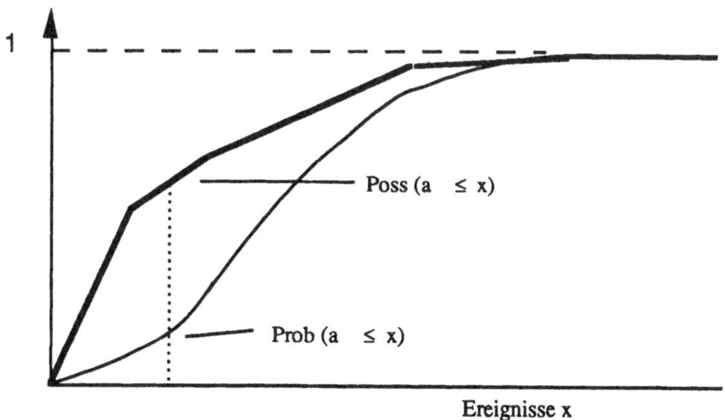

Bild 3-2:   Kann man die Ereignismenge mit reellen Zahlen identifizieren, so sieht
man unmittelbar, daß bei großen Wahrscheinlichkeiten die Identifizierung von
Wahrscheinlichkeit (Prob) und Möglichkeit (Poss) einen rationalen Kern hat.

Das Begriffsgebäude, welches sich auf den Kernbegriff *Wahrscheinlichkeit* stützt, ist die *Probabilistik*. Im Gegensatz hierzu wollen wir, wenn wir auf den Kernbegriff *Möglichkeit* aufbauen, von der *Possibilistik* sprechen. Die Probabilistik gilt als sehr bewährte Theorie. Sie hat sich so sehr etabliert, daß allgemein nur ein sehr geringes Bewußtsein über die doch äußerst speziellen einschränkenden Voraussetzungen ihrer Anwendbarkeit herrscht. Die vielfachen Mißverständnisse der Anwendbarkeit probabilistischer Begriffe lassen sich exemplarisch - wenn auch in leichter Rabulistik - an dem Satz ´Morgen wird es *wahrscheinlich* regnen´ andeuten: Mit diesem *wahrscheinlich* ist stets der *Möglichkeitsgrad*, daß es morgen regnen wird, gemeint. Dieser wird gebildet aufgrund unscharfer Kenntnisse über die Kausalität des Wettergeschehens. Die Wetterstatistik selbst hat kaum etwas mit den physikalischen Heuristiken zu tun, mit denen man die Kausalitäten des Wettergeschehens reflektiert. Auch der Begriff der *subjektiven Wahscheinlichkeit* trifft nicht den *Möglichkeitsgrad*, da für mehrere Möglichkeitsgrade $\Pi(x_i)$ nicht notwendigerweise $\sum \Pi(x_i) \leq 1$ gelten muß.

In der Wahrscheinlichkeitstheorie wird der Begriff der

probabilistischen Unabhängigkeit von Ereignissen

folgendermaßen definiert:

Ereignisse $\{ A_i / i=1,...,n \}$ heißen voneinander unabhängig, wenn für jedes $k \in P\{1,...,n\}$ $\text{Prob}(\bigcap_{i \in k} A_i) = \prod_{i \in k} \text{Prob}(A_i)$ gilt.

Für zwei Fuzzy-Ereignisse A,B hatten wir gemäß (3.1-d1) diese Unabhängigkeitsdefinition verallgemeinert. In diesem Sinne sagen wir nun

Fuzzy-Ereignisse $\{ A_i / i=1,...,n \}$ heißen voneinander

probabilistisch unabhängig,

wenn für jedes $k \in P\{1,...,n\}$ $\text{Prob}(\bigwedge_{i \in k} A_i) = \bigwedge_{i \in k} \text{Prob}(A_i)$ gilt.

Ganz analog zur probabilistischen Definition definieren wir die

possibilistische Unabhängigkeit von Fuzzy-Ereignissen.

$$(3.2\text{-}g)$$

Fuzzy-Ereignisse $\{\ A_i\ /\ i=1,...,n\ \}$ heißen *voneinander possibilistisch unabhängig*, wenn für jedes $k \in P\{1,...,n\}$

$$\text{Poss}\ (\bigcap_{i\,\in\,k}\ A_i\ ) = \bigcap_{i\,\in\,k}\ \text{Poss}(A_i) \quad (\ =\min_{i\,\in\,k}\ \text{Poss}(A_i)\ )\quad\text{gilt.}$$

Eine Abbildung $\varphi : X \to R$ nennen wir *reelle Variable* oder kurz *Variable*.

Die Variablen $\{\ \varphi_i\ /\ i=1,...,n\ \}$ heißen *voneinander unabhängig*, wenn die Ereignisse $\{\ x\ /\ \varphi_i(x) = r_i\ \} =: \{\ \varphi_i = r_i\ \}\quad i=1,...,n$ unabhängig sind, wie auch immer die $(r_1,r_2,...,r_n)$ aussehen.

Für unabhängige Variable gilt also stets $\hspace{4cm}(3.2\text{-}h)$

$$\text{Poss}\ (\bigcap_{i\,\in\,k}\{\varphi_i = x_i\}\ ) = \bigcap_{i\,\in\,k}\ \text{Poss}\ \{\varphi_i = x_i\} = \min_{i\,\in\,k}\ \text{Poss}\ \{\varphi_i = x_i\}.$$

Diese zunächst nur formal ohne jeden semantischen Bezug gegebenen Unabhängigkeitsdefinitionen sind schon für den Fall gewöhnlicher Mengen nicht trivial. Die probabilistische Unabhängigkeit gewöhnlicher (also scharfer) Ereignisse reflektiert die zu beobachtende Tatsache, daß es sein kann, daß bei getrennter Realisierung von mehreren Zufallsexperimenten die Ergebnisse der einzelnen Realisierungen nicht von den Ergebnissen der anderen Realisierungen beeinflußt sind. Bei einem Würfeldoppelwurf - sei es, daß man mit einem einzigen Würfel zweimal würfelt, sei es daß man mit zwei Würfeln einmal würfelt - ist das Ergebnis des ersten Wurfes bzw. des einen Würfels unbeeinflußt von dem Ergebnis des anderen Wurfes bzw. des anderen Würfels. Man muß aber wissen, wenn man eine Menge von Ereignissen hat, die paarweise probabilistisch unabhängig sind, keinesfalls notwendigerweise folgt, daß die Ereignisse der Menge im obigen Sinne dann auch voneinander probabilistisch unabhängig sind.

Hierzu ein Standardbeispiel.[*]

Es werden zwei verschiedene Würfel geworfen. Wir betrachten drei Ereignisse A, B, C :

A = gerader Wurf mit dem ersten Würfel und beliebiger Wurf mit dem zweiten Würfel;

B = beliebiger Wurf mit dem ersten Würfel und ungerader Wurf mit dem zweiten Würfel;

C = gerader Wurf mit beiden Würfeln oder ungerader Wurf mit beiden Würfeln.

Offenbar haben wir

$$\text{Prob}(A) = \text{Prob}(B) = \text{Prob}(C) = \frac{1}{2} \ \text{sowie}$$

$$\text{Prob}(A \wedge B) = \text{Prob}(A \wedge C) = \text{Prob}(B \wedge C) = \frac{1}{4}.$$

Offenbar gilt aber auch, $A \wedge B \wedge C = \emptyset$ also $\text{Prob}(A \wedge B \wedge C) = 0$.

Trotz der paarweisen Unabhängigkeit von {A,B,C} sind die Ereignisse dieser Ereignismenge probabilistisch nicht voneinander unabhängig.

Betrachten wir nun den gleichen Fall possibilistisch :

Wie auch immer Poss beschaffen sein mag, es gilt,

$$\text{Prob}(A \wedge B) \leq \text{Poss}(A \wedge B), \ \text{Prob}(A \wedge C) \leq \text{Poss}(A \wedge C),$$

$$\text{Prob}(B \wedge C) \leq \text{Poss}(B \wedge C).$$

---

[*] s. z.B. Vogel W. 1970.

Unterstellt man,

$$Poss(A \wedge B) = Poss(A \wedge C) = Poss(B \wedge C) = \min\{ Poss(A), Poss(B), Poss(C) \}$$

$$= Poss(A) = Poss(B) = Poss(C),$$

also auch die paarweise possibilistische Unabhängigkeit, so folgt mit $Poss(A) \geq Prob(A) = \frac{1}{2}$:

$$\min\{ Poss(A), Poss(B), Poss(C) \} \geq \frac{1}{2} .$$

Wegen $A \cap B \cap C$ $(= A \wedge B \wedge C) = \varnothing$, also $Poss(A \cap B \cap C) = 0$ erhält man die possibilistische Abhängigkeit der Ereignismenge $\{A, B, C \}$.

3.3. Fuzzy - Zuverlässigkeit

Betrachtet man eine Gesamtheit von n gleichartigen aktiven Geräten oder lebenden Organismen zu verschiedenen Zeitpunkten, so wird man feststellen, daß zu späteren Zeitpunkten eine größere Anzahl aus der Gesamtheit ausgefallen ist als zu früheren.   Bild 3-3 läßt diesen Sachverhalt erkennen.

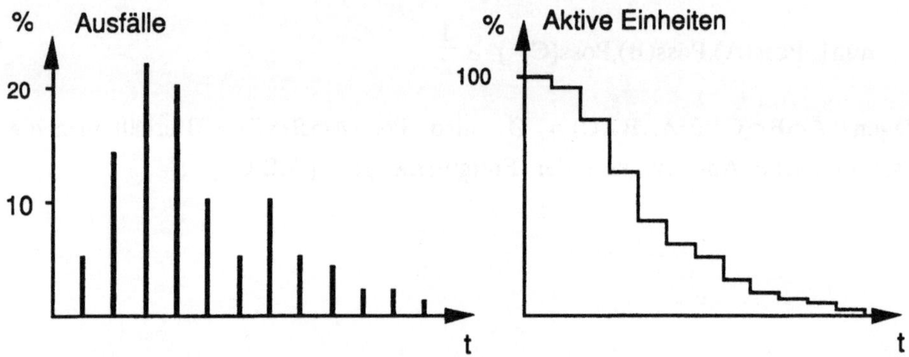

Bild 3-3:   Links die Darstellung der prozentualen Ausfälle pro Zeitintervall ; rechts die Darstellung der zum Zeitpunkt t noch aktiven Einheiten.

Die statistische Zuverlässigkeitstheorie idealisiert das Szenario in der Weise, daß die Gesamtheit der betrachteten Einheiten zumindest gedanklich als unendlich groß angesehen wird. Hierdurch wird man in die Lage versetzt, den Grenzwert

$$\lim_{n \to \infty} \frac{\text{Anzahl der im Zeitraum } (t-1, t] \text{ ausgefallenen Einheiten}}{n}$$

als Ausfallwahrscheinlichkeit p(t) einer beliebig herausgegriffenen Einheit (Stichprobe) im Zeitraum (t-1, t] zu deuten.

Wenn $n_a(t)$ die Anzahl der zur Zeit t ausgefallenen Einheiten bedeutet, so erkennt man in Bild 3-3 rechts den Graphen der Funktion $R_n(t) := \dfrac{n_a(t)}{n}$.

$$R(t) \ = \ \lim_{n \to \infty} \ R_n(t) \qquad\qquad (3.3\text{-}a)$$

wird die *Zuverlässigkeit* einer Einheit zum Zeitpunkt t genannt . Die Zuverlässigkeit ist also eine Funktion der Zeit. Sie ist die Wahrscheinlichkeit dafür, daß eine Einheit zum Zeitpunkt t noch aktiv ist. Für das Gegenteil, nämlich die Wahrscheinlichkeit F(t) dafür, daß eine Einheit zum Zeitpunkt t nicht mehr aktiv ist, gilt $F(t) = 1 - R(t)$.

Wir beschränken uns jetzt auf den kontinuierlichen Fall, d.h., wir nehmen an, daß die Zeitintervalle, zu denen wir die ausgefallenen Einheiten auszählen, infinitesimal klein sind. Die Verhältnisse zwischen p(t), R(t) und F(t) werden in Bild 3-4 anschaulich.

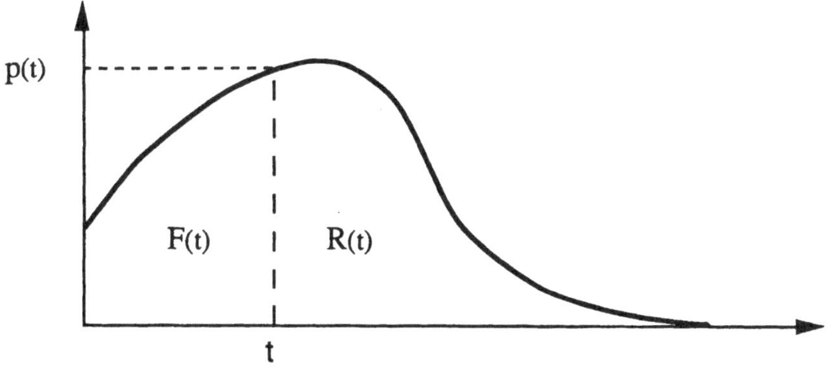

Bild 3-4: F(t) und R(t) sind die durch die jeweiligen Kurvenstücke von p(t) gegebenen Flächen.

Es gilt

$$\int_R p(t)dt \ = \ F(t)+R(t) \ = \ 1 \quad \text{und} \quad \int_{\tau < t} p(\tau)\,d\tau \ = \ F(t) \,.^* \qquad (3.3\text{-}b)$$

---

* Hierbei setzen wir voraus, daß p so beschaffen ist, daß die Integrale existieren; da p die zur kumulativen Verteilung F gehörige Verteilung ist, gilt: p existiert genau dann, wenn F fast überall stetig differenzierbar ist.

p(t) ist die Änderungsgeschwindigkeit der zur Zeit t zu erwartenden Ausfälle, die absolute Ausfallrate. Setzt man diese ins Verhältnis zur Rate R(t) der zur Zeit t noch aktiven Einheiten, so erhält man die relative Ausfallrate, kurz die *Ausfallrate* Z(t).

$$Z(t) := \frac{p(t)}{R(t)} = \frac{F'(t)}{R(t)} = \frac{(1 - R(t))'}{R(t)} = - \frac{R'(t)}{R(t)} = - (\ln(R(t)))'$$

$$\Rightarrow \quad R(t) = e^{- \int_{(0,t)} Z(\tau)d\tau} \tag{3.3-c}$$

als Beziehung zwischen der Zuverlässigkeit und der Ausfallrate.

Bei konstanter Ausfallrate $\lambda \equiv Z(t)$ ergibt sich der bekannte Ausdruck des natürlichen Zerfalls:

$$R(t) = e^{-\lambda t}.$$

Die mittlere Lebensdauer, d.i. der Erwartungswert des Ausfallzeitpunktes einer Einheit steht in enger Beziehung zur Zuverlässigkeit einer Einheit:

$$E(t) = \int_0^\infty t \, p(t)dt = - \int_0^\infty t \, R'(t)dt = \int_0^\infty R(t)dt \quad * \tag{3.3-d}$$

Die elementare klassische Zuverlässigkeitstheorie, die im wesentlichen in den USA im Zusammenhang mit teilautomatisierter Massenproduktion von Waffen, deren logistischer Lagerung und zuverlässigen Verteilung im Rahmen des Kampfgeschehens entwickelt wurde, versucht auf der Grundlage dieses theoretischen Gerüstes aus der empirisch ermittelten Zuverlässigkeit von Einzelteilen (Einheiten) auf die Zuverlässigkeit von aus solchen Einzelteilen zusammengesetzten Aggregaten zu schließen. Es lag dann ganz in der Logik der Produktionsweise, daß diese Zuverlässigkeitstheorie während der durch

---

* Beweis und Details siehe z.B. in Görke W. 1969 s.82 ff.

Massenproduktion gekennzeichneten Industrieentwicklung der westlichen Länder in der Nachkriegszeit zu großem Erfolg reussierte.* - - Nur, die Zuverlässigkeit eines Aggregates ist (lediglich) eine statistische Größe. Sie sagt uns nur, wie wahrscheinlich (im engen, strengen Sinn der Wahrscheinlichkeitstheorie) es ist, daß ein Aggregat in einem gewissen Zeitraum ausfallen wird. Der Begriff ´Zuverlässigkeit eines Aggregates´ bekommt also erst einen Sinn, wenn eine große Zahl von Aggregaten betrachtet wird. Aggregate, von denen nur wenige oder gar nur Einzelstücke angefertigt werden, sind einer derartigen Betrachtungsweise kaum sinnvoll zugänglich. Gerade die aufwendigsten Artefakte, wie neue Großraketen, Größtrechenanlagen, Brücken eines bestimmten Typus und komplexe Produktionseinheiten wie z.B. Kernenergieanlagen sind gerade von dieser Art.

Hier spielt naturgemäß die *Möglichkeit* eines Ausfalls eine wesentlich größere Rolle als dessen Wahrscheinlichkeit! Was in diesem Zusammenhang der neutrale Ausdruck ´Ausfall´ auch bedeuten kann, hat uns Tschernobyl drastisch vor Augen geführt. Ähnlich kann der ´Ausfall´ einer Brücke halt deren Einsturz bedeuten.

Bevor wir uns dem Begriff der Fuzzy-Zuverlässigkeit zuwenden, betrachten wir kurz die elementaren Begriffe der konventionellen Zuverlässigkeitstheorie. Ausfälle zusammengesetzter Aggregate in ihrer Abhängigkeit von Ausfällen der konstituierenden Einzelteile folgen einer Regelhaftigkeit, die intuitiv klar ist: Wenn zu einer Menge von funktionierenden Einzelteilen eines Aggregates ein weiteres funktionierendes Einzelteil hinzukommt, so kann hierdurch die Funktionsfähigkeit des Aggregates nicht geringer werden. Dies nennt man die Monotonie der Zuverlässigkeitslogik. Wir werden diese gleich als Eigenschaft einer spezifisch jedem Aggregat zuzuordnenden Aggregatsfunktion wiedererkennen.

Der Zustand eines Aggregates aus n Einzelteilen im hier behandelten Sinn ist vollständig bestimmt durch einen binären Vektor $(e_1, e_2, ..., e_n)$, den Zustandsvektor; $e_i = 0$ bedeutet, daß das i-te Einzel-

---

* Standardlehrbücher der klassischen Zuverlässigkeitstheorie wären z.B. Barlow R.E.,Proschan F. 1965 sowie 1975. Wer sich schnell in die elementare klassische Zuverlässigkeitstheorie einlesen will, findet in Kaufmann, A. (1969) ein approbates Büchlein.

teil ausgefallen ist, und $e_i=1$, daß es funktionsfähig ist. Ein Aggregat aus n Einzelteilen hat also 2^n Zustandsvektoren, die man mit der Menge der Eckpunkte $]E^n[$ des n-dimensionalen Einheitswürfels E^n identifizieren kann. Eine Funktion, die jedem Zustandsvektor also jedem Eckpunkt des n-dimensionalen Einheitswürfels gemäß der Funktionalität des Aggregates eine 1 zuordnet, wenn das Aggregat in dem betreffenden Zustand funktioniert, und sonst eine 0, nennen wir die Aggregatsfunktion $\varphi :]E^n[\rightarrow \{0,1\}$.

Die Monotonie der Zuverlässigkeitslogik bedeutet nun offensichtlich $[z_1] < [z_2] \Rightarrow \varphi(z_1) < \varphi(z_2)$, wenn z_1 und z_2 Zustandsvektoren sind.

Sind die Einzelteile des Aggregates reihen- oder serienweise komponiert, d.h., sie bestimmen die Funktionabilität in der Weise, daß der Ausfall nur eines einzigen Einzelteiles den Ausfall des ganzen Aggregates nach sich zieht, so gilt für jeden beliebigen Zustandsvektor $Z = (e_1,e_2,...,e_n)$

$$\varphi(Z) = \min\{e_1,e_2,...,e_n\} = e_1 \cdot e_2 \cdot ... \cdot e_n .$$

Ein Beispiel für ein serienweise komponiertes Aggregat ist die Kette, die ja, wenn nur die Funktion eines einzigen Kettengliedes nicht mehr gewährleistet ist, nicht hält.

Sind die Einzelteile des Aggregates parallel komponiert, d.h. sie bestimmen die Funktionalität in der Weise, daß nur der Ausfall aller Einzelteile zum Ausfall des Aggregates führt, so gilt

$$\varphi(Z) = \max\{e_1,e_2,...,e_n\} = 1- (1-e_1)(1-e_2) \dots (1-e_n)$$

Ein Beispiel für ein parallel komponiertes Aggregat sind die Zwillingsreifen beim Lastwagen. Er stürzt nur um, wenn beide Reifen auf einer Achsenseite platzen.

Die meisten praktisch bedeutsamen Aggregate sind natürlich Mischformen aus seriell und parallel komponierten Einzelteilen. Ist die Komposition der Einzelteile zum Aggregat bekannt, so kann man sich ein 'Zuverlässigkeitsschaltbild' zeichnen, aus dem man die Aggregatsfunktion in einfacher Weise ableiten kann. (s. Bild 3-5).

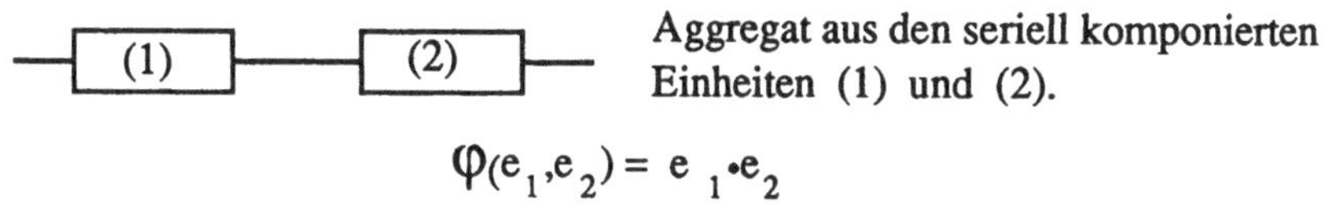

Aggregat aus den seriell komponierten Einheiten (1) und (2).

$$\varphi(e_1, e_2) = e_1 \cdot e_2$$

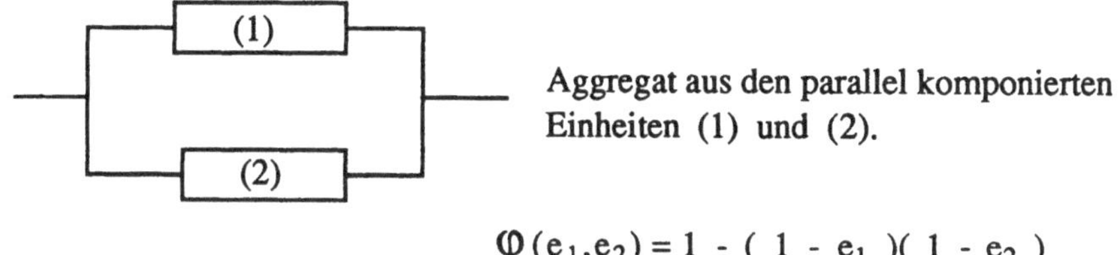

Aggregat aus den parallel komponierten Einheiten (1) und (2).

$$\varphi(e_1, e_2) = 1 - (1 - e_1)(1 - e_2)$$

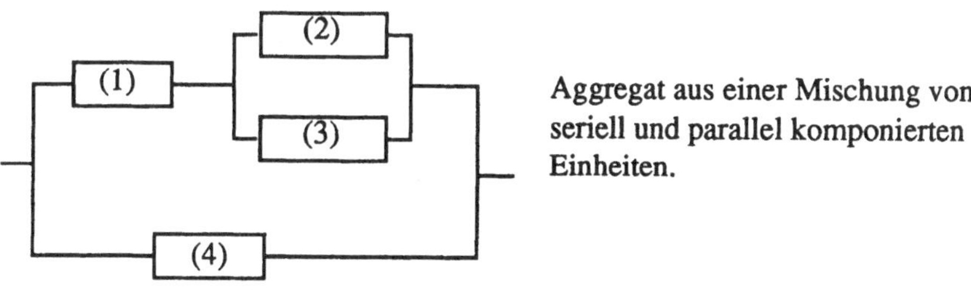

Aggregat aus einer Mischung von seriell und parallel komponierten Einheiten.

$$\varphi(e_1, e_2, e_3, e_4) = 1 - (1 - e_1\, e_2)(1 - e_1\, e_3)(1 - e_4)$$

Bild 3-5 : Aus einfachen Schaltbildern, die die Komposition der Einheiten eines Aggregates darstellen, kann unter Verwendung der in den beiden oberen elementaren Aggregatsfunktionen der einfachsten Parallelität und der einfachsten Serialität die Aggregatsfunktion hergeleitet werden.

Die Zuverlässigkeitsschaltbilder werden so konstruiert, daß für jeden Weg vom Eingang zum Ausgang der Darstellung die Funktion des Aggregates dann gewährleistet ist, wenn die Einheiten dieses Weges funktionieren. Wege entsprechen also Teilmengen der Menge der Einheiten, aus denen ein Aggregat besteht. Eine minimale Teilmenge eines Weges, bei der das Aggregat funktioniert, wenn die Einheiten dieser Teilmenge funktionieren, nennen wir ´minimalen Weg´. Die minimalen Wege des im Bild 3-5 (unten) dargestellten Aggregates sind $\{e_1\, e_2\}$, $\{e_1\, e_3\}$, $\{e_4\}$.

Sei W die Menge der minimalen Wege eines Aggregates. Die Aggregatsfunktion eines minimalen Weges w ist

$$\prod_{e \,\in\, w} e \ .$$

Schaltet man die minimalen Wege parallel , was offensichtlich ein zum vorgegebenen Schaltbild äquivalentes ergibt, so erhält man die Aggregatsfunktion in allgemeiner Form:

$$(3.3\text{-e})$$

$$\varphi(\,e_1,e_2,...,e_n\,) = \max_{w \,\in\, W}\ \min_{e \,\in\, w}(\,e\,)$$

$$= 1 - \prod_{w \,\in\, W}\left(\,1 - \prod_{e \,\in\, w} e\,\right)$$

Da ja stets gilt $e_i^k = e_i$ ($k \in$ N), kann die Aggregatsfunktion auf eine eindeutige Minimalform reduziert werden, die die Komponenten der Zustandsvektoren nur noch in der ersten Potenz enthalten. Für das Beispiel einer gemischten Komposition aus Bild 3-4 erhält man nach Ausmultiplizieren und Reduzieren:

$$\varphi(e_1,e_2,e_3,e_4)$$

$$= e_1 \cdot e_2 + e_1 \cdot e_3 + e_4 - e_1 \cdot e_2 \cdot e_3 - e_1 \cdot e_3 \cdot e_4 - e_1 \cdot e_2 \cdot e_4 - e_1 \cdot e_2 \cdot e_3 \cdot e_4$$

Man kann sich leicht überlegen, daß man die Zuverlässigkeit (also die Funktionswahrscheinlichkeit) des gesamten Aggregates erhält, wenn man als Argumente von φ (in der Minimalform) statt der Zustandsvektoren Z die Wahrscheinlichkeitsvektoren $P = (p_1,p_2,...,p_n)$ einsetzt. (Wobei p_i die Zuverlässigkeit der i-ten Einheit des Aggregates ist.) Da die p_i (i=1,...,n) Werte aus [0,1] annehmen, bildet φ also den Einheitswürfel ab auf $[0,1]$:

$$\varphi : E^n \to [0,1].$$

Diese Abbildung ist die konventionelle *Zuverlässigkeitsfunktion* des Aggregates. Sind die p_i Funktionen der Zeit, $p_i = p_i(t)$, bedeuten sie z.B. die Wahrscheinlichkeit, daß die i-te Einheit des Aggregates den Zeitraum bis t überlebt, so bedeutet $\varphi\,(P(t))$ die Wahrscheinlichkeit, daß das ganze Aggregat den Zeitraum bis t überlebt. $\varphi\,(P(t))$ ist also die Zuverlässigkeit des Aggregates:

$$R(t) = \varphi\,(P(t)) \tag{3.3-f}$$

Hat man die Wahl bei der Konstruktion eines Aggregates zwischen verschiedenen Kompositionsalternativen, so wird man jene mit der besseren Zuverlässigkeit, also jene, deren Überlebenswahrscheinlichkeit größer ist, vorziehen.
Anschaulich ist klar, daß man durch Parallelredundanz, d.h. durch parallele Vervielfachung von gleichartigen Einheiten, die jede für sich eine gewünschte Funktion gewährleisten, die Zuverlässigkeit verbessern kann. Das bedeutet, daß die Zuverlässigkeit des Aggregates, welches aus den parallelredundanten Einheiten besteht, besser ist als die einer einzigen Einheit (s Bild 3-6). Daß bei serieller Vervielfältigung gleichartiger Einheiten die Zuverlässigkeit des Aggregates kleiner ist als die der konstituierenden Einheiten, ist trivial: $\varphi(P) = p^n < p$.

$$\varphi(e_1,e_2,....,e_n) = 1 - (1 - e_1)(1 - e_2) \ldots (1 - e_n)$$

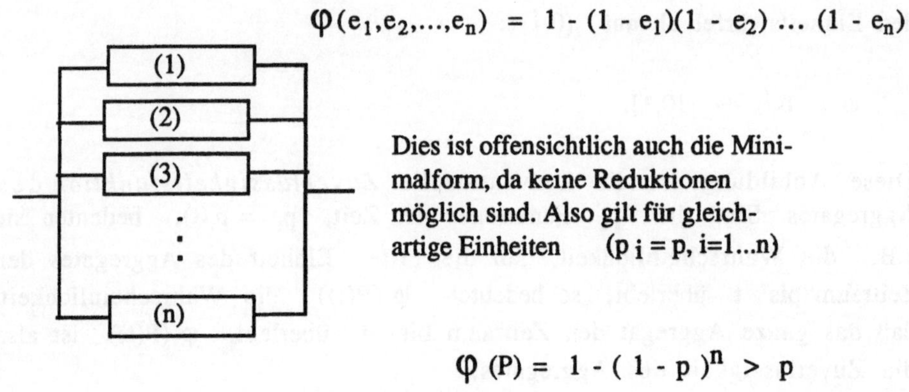

Dies ist offensichtlich auch die Minimalform, da keine Reduktionen möglich sind. Also gilt für gleichartige Einheiten $(p_i = p, i=1...n)$

$$\varphi(P) = 1 - (1 - p)^n > p$$

Bild 3-6: Darstellung der Parallelredundanz von n gleichartigen Einheiten, die jede für sich die Funktion gewährleistet. Es ergibt sich, daß die Zuverlässigkeit des so komponierten Aggregates größer ist als die einer einzigen Einheit.

Ein interessantes Ergebnis der konventionellen Zuverlässigkeitstheorie sagt, daß es unter dem Gesichtspunkt der Zuverlässigkeit günstiger ist, Redundanz dadurch zu erzeugen, daß die Einheiten eines Aggregates A je für sich verdoppelt werden, als dadurch, das ganze Aggregat zu verdoppeln. Der Beweis ist leicht nachzuvollziehen: Offensichtlich sind die minimalen Wege des durch Verdoppelung eines ganzen Aggregates erzeugten Aggregates $(A+A')$ auch in dem durch Verdoppelung der Einheiten erzeugten Aggregat $[A+A']$ enthalten. Man erhält also die Menge der minimalen Wege von $[A+A']$ indem man zur Menge der minimalen Wege von $(A+A')$ minimale Wege hinzufügt.

Fügt man zu einem Aggregat X mit der reduzierten Aggregatsfunktion $\varphi(X)$ einen minimalen Weg $W = \{e_1,e_2,...,e_k\}$ parallel hinzu, so erhält man für das so gebildete neue Aggregat als Aggregatsfunktion

$$1 - (1 - \varphi(X))(1 - \Pi e_i) = \varphi(X) + \Pi e_i - \varphi(X) \Pi e_i$$

Der Summand $\varphi(X) \Pi e_i$ ist selbst eine Aggregatsfunktion; nämlich des Aggregates, welches aus der Serienschaltung von X und W entsteht. Kürzt man nun jeden Summanden von $\varphi(X)$ um jene Variablen, die auch in $\{\ e_1, e_2, ..., e_k\ \}$ vorkommen, so erhält man den reduzierten Ausdruck $\varphi'(X)$, und es gilt $\varphi'(X) \ \Pi \ e_i = \varphi(X) \ \Pi \ e_i$.

Für die reduzierte Aggregatsfunktion $\varphi'(X)$ gilt wie für alle reduzierten Aggregatsfunktionen bei jeder Wahrscheinlichkeitsbelegung P:

$$\varphi'(P) < 1.$$

Damit ergibt sich als Zuverlässigkeit unseres erweiterten Aggregates:

$$\varphi((P, p_1, p_2, ..., p_n)) = \varphi(P) + \Pi \ p_i - \varphi'(P) \ \Pi \ p_i$$

$$= \varphi(P) + (1 - \varphi'(P)) \ \Pi \ p_i \geq \varphi(P)$$

Also ist die Zuverlässigkeit von $[\ A+A\,']$ nicht schlechter als die von $(A+A\,')$.

Die konventionelle Zuverlässigkeitstheorie betrachtet das Funktionsalter von Einheiten und Aggregaten - d.h. die Zeitdauer während der eine Einheit funktioniert - als Zufallsvariable und wendet den etablierten wahrscheinlichkeitstheoretischen Apparat auf diese Zufallsvariable an. Nachdem wir nun einige wesentliche Elemente der darauf aufbauenden statistischen Zuverlässigkeitstheorie gesehen haben, wollen wir uns jetzt mit den Elementen einer possibilistischen Zuverlässigkeitstheorie befassen.*

Das Funktionsalter ist eine Variable mit Werten in R^+. Zu dieser Variablen gehört gemäß (3.2-b) eine Möglichkeitsverteilung $\Pi : R^+ \rightarrow [0,1]$, die uns für jeden Zeitpunkt $t \in R^+$ den Möglichkeitsgrad angibt, daß die betrachtete Einheit genau das Funktionsalter t erreicht. (Diese Möglichkeitsverteilung muß im konkreten Fall natürlich empirisch oder heuristisch wie z.B. durch Schätzung von Experten erst ermittelt werden. In der Wahrscheinlichkeitstheorie muß ja auch die Verteilung einer Zufallsvariablen durch auszählende Statistik oder heuristisch

---

* Wir folgen hier einer Idee, die Cai Kai-Yuan u.a. 1989 zur Diskussion gebracht haben.

begründete Annahmen numerisch einfach zu handhabender Verteilungen ermittelt werden.)

Da wir $\Pi(0) = 1$ annehmen können, induziert Π gemäß (3.2-c) ein Möglichkeitsmaß Poss auf $P(\mathbb{R}^+)$.

$\tilde{R}(t) := \text{Poss}([t, \infty))$ nennen wir nun die possibilistische Zuverlässigkeit die *Fuzzy-Zuverlässigkeit*. Es gilt:

$$\tilde{R}(0) = 1 , \qquad\qquad\qquad\qquad\qquad (3.3\text{-}g)$$

$\tilde{R}$ ist schwach monoton fallend

(also $t_1 < t_2 \;\Rightarrow\; [t_1, \infty) \supset [t_2, \infty)$

$$\Rightarrow\; \text{Poss}([t_1, \infty)) \geq \text{Poss}([t_2, \infty)) \;\Rightarrow\; \tilde{R}(t_1) \geq \tilde{R}(t_2) \;).$$

Ist $\varphi : [E^n] \rightarrow \{0,1\}$ die Systemfunktion eines Aggregates, die angibt, ob das Aggregat zur Zeit t noch funktioniert oder nicht, so gilt zur Zeit t :

$$\tilde{R} = \text{Poss}\{\varphi = 1\}. \qquad\qquad\qquad (3.3\text{-}h)$$

Seien nun die Komponenten des Zustandsvektors eines Aggregates zur Zeit t $\{ e_i \,/\, i=1,...,n \}$ als Variable aufgefaßt unabhängig. Dann ergibt sich folgendes Verhältnis zwischen der Zuverlässigkeit $\tilde{R}$ des Aggregates und den Zuverlässigkeiten $\tilde{R}_i$ der Einheiten :

Die Zuverlässigkeit von n *seriell komponierten Einheiten entspricht der geringsten Zuverlässigkeit unter den Einheiten.*

$$\tilde{R} = \min_i \tilde{R}_i \qquad\qquad\qquad\qquad (3.3\text{-}i)$$

Beweis:

$$\tilde{R} = \text{Poss}(\varphi = 1) = \text{Poss}(\min\{e_1, e_2, ..., e_n\} = 1) = \text{Poss}(\bigwedge_i e_i = 1)$$

$$= \min_i (\text{Poss}(e_i = 1)) = \min_i \tilde{R}_i . \quad \text{q.e.d.}$$

Die Zuverlässigkeit von n parallel komponierten Einheiten entspricht der größten Zuverlässigkeit unter den Einheiten.

$$\tilde{R} = m \underset{i}{a} x \; \tilde{R}_i \qquad\qquad (3.3\text{-}j)$$

Beweis:

$$\tilde{R} = Poss(\varphi = 1) = Poss(\max\{e_1, e_2, \ldots, e_n\} = 1) = Poss(\bigvee_i e_i = 1)$$

$$= \max_i (Poss(e_i = 1)) = \max_i \tilde{R}_i . \quad q.e.d.$$

(Hier wird übrigens die Unabhängigkeit der Variablen $\{e_1, e_2, \ldots, e_n\}$ nicht benötigt.)

Man erkennt unmittelbar, daß bei serieller Komposition zweier gleichartiger Einheiten ($\tilde{R}_1(t) = \tilde{R}_2(t)$) die Fuzzy-Zuverlässigkeit des Aggregates nicht geringer ist als die der einzelnen Einheit und bei paralleler Komposition nicht größer ist als die der einzelnen Einheit! Dies läßt sich unmittelbar auf jede Anzahl von seriell oder parallel komponierten gleichartigen Einheiten übertragen:

$$(3.3\text{-}k)$$

Die Fuzzy-Zuverlässigkeit eines Aggregates wird weder durch serielle noch durch parallele Redundanz beeinflußt.

Sei $\varphi(e_1, e_2, \ldots, e_n) = \underset{w \in W}{\max} \; \underset{e \in w}{\min}(e)$ die Aggregatsfunktion eines Aggregates in allgemeiner Form und seien die $\{e_i / i=1, \ldots, n\}$ unabhängige Variable; dann erhält man zwischen $\tilde{R}$ und den Zuverlässigkeiten der Einheiten $\tilde{R}_e$ die Beziehung

$$\tilde{R} = \underset{w \in W}{\max} \; \underset{e \in w}{\min} \; \tilde{R}_e \qquad\qquad (3.3\text{-}l)$$

Beweis:

$$\tilde{R} = Poss(\varphi = 1) = Poss((\underset{w \in W}{\max} \; \underset{e \in w}{\min} \; e) = 1)$$

$$= Poss((\underset{w \in W}{\bigvee} \; (\underset{e \in w}{\min} \; e = 1))$$

$$= \max_{w \in W} \text{Poss}(\min_{e \in w} (e=1)) = \max_{w \in W} \text{Poss} (\bigwedge_{e \in w} e = 1)$$

$$= \max_{w \in W} \min_{e \in w} \text{Poss}(e=1) = \max_{w \in W} \min_{e \in w} \tilde{R}_e . \qquad \text{q.e.d.}$$

Hieraus ergeben sich ganz überraschende Eigenschaften der Zuverlässigkeit $\tilde{R}$:

- $\min_{i} \tilde{R}_i \leq \tilde{R} \leq \max_{i} \tilde{R}_i$.

- Wenn ein Aggregat aus unabhängigen gleichartigen Einheiten besteht, so ist $\tilde{R}$ unabhängig davon, wie die Einheiten komponiert sind. D.h., $\tilde{R} = \tilde{R}_i$ für irgendein beliebiges i.

Nehmen wir einmal an, wir hätten zum Bau eines Aggregates zwei verschiedene Bausätze von Einheiten. Jeder Einheit des einen Satzes entspreche funktionell eine Einheit des anderen Satzes und umgekehrt. Die Aggregatsfunktionen der Einheiten des einen Satzes seien $\{a_1, a_2, ..., a_n\} =: (A)$, des anderen Satzes $\{b_1, b_2, ..., b_n\} =: (B)$. Die Sätze dieser Funktionen als Variable aufgefaßt seien je für sich unabhängig. Das aus dem einen Bausatz komponierte Aggregat sei A, das aus dem anderen B. Dann haben wir einerseits die Möglichkeit, unter Verwendung der Bausätze A und B parallel zum funktionsgleichen Aggregat (A+B) zusammenzufassen, andererseits durch Parallelisieren der Einheiten a_i, b_i i=1,...,n ein funktionsgleiches Aggregat [A+B] zu bauen.

Die Frage, welches der beiden funktionsgleichen Aggregate zuverlässiger ist, beantwortet der Satz:

$$\tilde{R}_{[A+B]} \geq \tilde{R}_{(A+B)} \qquad\qquad (3.3\text{-}m)$$

Beweis:

Für $a \in (A)$ und $b \in (B)$ gilt $\max (\tilde{R}_a, \tilde{R}_b) \geq \tilde{R}_a \Rightarrow$

wenn a,b funktionell einander entsprechen :

$$\min_{a \in w} (\max (\tilde{R}_a , \tilde{R}_b)) \geq \min_{a \in w} \tilde{R}_a \quad \Rightarrow$$

$$\max_{w \in W} \min_{a \in w} (\max (\tilde{R}_a , \tilde{R}_b)) \geq \max_{w \in W} \min_{a \in w} \tilde{R}_a \quad \Rightarrow$$

$$\tilde{R}_{[A+B]} \geq \tilde{R}_A \quad \text{analog zeigt man} \quad \tilde{R}_{[A+B]} \geq \tilde{R}_B . \quad \Rightarrow$$

$$\tilde{R}_{[A+B]} \geq \max (\tilde{R}_A , \tilde{R}_B) = \tilde{R}_{(A+B)} . \quad \text{q.e.d.}$$

Offensichtlich stimmt $\tilde{R}_{[A+B]}$ mit der Zuverlässigkeit desjenigen Aggregates überein, das man aus dem Satz $\{<a_1 b_1,>,<a_2 b_2,>,...,<a_n b_n,>\}$ (mit $<a_i b_i> := a_i$, wenn $\tilde{R}_{a_i} \geq \tilde{R}_{b_i}$ sonst $<a_i b_i> := b_i$) bauen kann.

Kurz, $\tilde{R}_{[A+B]}$ entspricht der Zuverlässigkeit desjenigen Aggregates, welches man aus dem 'haploiden' Satz von Einheiten bauen kann, den man erhält, wenn man aus dem 'diploiden' Satz $\{a_1,b_1,a_2,b_2,...,a_n ,b_n\}$ von den paarweise einander entsprechenden Einheiten die jeweils zuverlässigere auswählt.

3.4. Information als Begriff der Possibilistik

Der   Shannonsche   Informationsbegriff   ist   ein   Maß   für   den   Überraschungseffekt statistischer Ereignisse. Statistische Ereignisse sind solche, deren Eintrittswahrscheinlichkeiten sich sinnvoll bestimmen lassen:

Seien $\{\ p_i\ /\ i=1,...,n\ \}$ die Wahrscheinlichkeiten der möglichen Ergebnisse $X = \{\ e_i\ /\ i=1,...,n\ \}$ eines Versuchs; $(\ \Sigma\ p_i\ =\ 1\ )$. Intuitiv ist klar, daß ein tatsächliches Versuchsergebnis e_i , welches nur mit geringer Wahrscheinlichkeit p_i zu erwarten war, einen großen Überraschungseffekt hat. Diesen Überraschungseffekt nennt man   *Information* des Versuchsergebnisses e_i. Der entsprechende Informationswert $E(e_i)$ berechnet sich aus $E(e_i) := -\ ld(p_i)$.

Der   Erwartungswert   der   Informationswerte   der   Versuchsergebnisse

$$E := \Sigma\ p_i\ E(e_i) = -\ \Sigma\ p_i\ ld(p_i)$$

wird (statistische) Entropie des Versuchs oder auch Entropie der Verteilung $\{\ p_i\ /\ i=1,...,n\ \}$ genannt.

Für die Entropie E_g der Gleichverteilung gilt:

$$E_g = -\Sigma\ \frac{1}{n}\ ld(\frac{1}{n}) =\ ld(n).$$

Das Verhältnis der Entropie E einer Verteilung $\{\ p_i\ /\ i=1,...,n\ \}$ zur Gleichverteilung E_g

$$\hat{E} := \frac{E}{E_g} = -\ \frac{\Sigma\ p_i\ ld(p_i)}{ld(n)}$$

mißt den *Grad der Unsicherheit* über den Ausgang eines Versuches.

Wenn für ein e_i einer Verteilung $p_i = 1$ gilt, so bezeichnen wir diese Verteilung mit δ_i .

Da über den Ausgang eines Versuches mit der Verteilung δ_i keinerlei Zweifel bestehen kann, ergibt sich für diesen Fall sinnvollerweise $\hat{E} = 0$.

Bei Gleichverteilung, also wenn man überhaupt keine unterschiedlichen Erwartungen bezüglich der möglichen Versuchsergebnisse hat, ist der Unsicherheitsgrad maximal : $\hat{E} = 1$.

Häufig hat man es nun aber nicht mit statistischen Ereignissen, die dem Shannonschen Informationsbegriff zugrunde liegen, zu tun. Das bedeutet, es ist nicht sinnvoll möglich, von Eintrittswahrscheinlichkeiten der zu betrachtenden Ereignisse zu sprechen. In solchen Fällen kann es sein, daß man zwar keine Wahrscheinlicheiten, also auch keine Wahrscheinlichkeitsverteilung der möglichen Ereignisse kennt, dennoch aber eine quantifizierte Vorstellung von dem *Grad der Möglichkeit* des Eintretens eines Ereignisses besitzt. Diesen Grad gewinnt man aufgrund anderer Heuristiken als jener, die uns veranlassen, die relative Häufigkeit eines Ereignisses bei endlich vielen Versuchen als die Wahrscheinlichkeit des Ereignisses anzunehmen. Das wahrscheinlichkeitstheoretische Gedankenexperiment, an dem der Begriff ′Wahrscheinlichkeit eines Ereignisses′ erläutert wird, ist die Urne mit farbigen Kugeln, die mit verbundenen Augen entnommen werden. Die zu untersuchenden Ereignisse sind von der Art ′es wurde eine schwarze Kugel entnommen′ oder ′es wurde eine rote Kugel entnommen′. Die auf diese Urne bezogene Heuristik der Wahrscheinlichkeitstheorie setzt als Wahscheinlichkeit dafür, daß eine Kugel gegebener Farbe, z.B. rot, entnommen wird :

$$p_{rot} = \frac{\text{Anzahl der roten Kugeln in der Urne}}{\text{Anzahl aller Kugeln in der Urne}} \; .$$

Denken wir uns die Kugeln durchnumeriert, so fußt die Spekulation über p_{rot} auf der Annahme, daß die Wahrscheinlichkeiten, Kugeln gegebener Nummern zu ziehen, alle gleich sind. Abgesehen davon, daß die Wahrscheinlichkeitsdefinition zirkelhaft mithilfe des Begriffes ′gleichwahrscheinlich′ zustande kam, ist die Annahme der Gleichverteilung selbst spekulativ. Sie ist wahrscheinlichkeitstheoretisch nicht begründbar. Man kann auch Beispiele konstruieren, wo diese Annahme   Widersprüche nach sich zieht.[*] Wir wollen nun das Urnenexperiment zu einem Gedankenexperiment der Möglichkeitstheorie erweitern: Hierzu nehmen wir nur an, daß wir nicht wissen, ob sich überhaupt Kugeln gegebener Farben in der Urne befinden. Wir haben also nur Kenntnis davon, daß sich Kugeln in der Urne befinden, wissen aber nicht, wieviele. Wenn man nun überhaupt nicht weiß, ob sich rote oder schwarze Kugeln in der Urne befinden, man aber aufgrund irgendwelcher Heuristiken die Möglichkeitsgrade Π_{rot} und $\Pi_{schwarz}$ mit $0 < \Pi_{rot} < 1, 0 < \Pi_{schwarz} < 1$ annimmt, so unterstellen wir, daß eine sonstige Farbe mit dem Möglichkeitsgrad $\Pi_{sonst} = 1$ auftreten kann! Wir betrachten also Verteilungen

$$(\Pi_{rot} , \Pi_{schwarz} , 1).$$

Wenn $\{ \Pi(e_i) \,/\, i=1,...,n \}$ die Möglichkeitsverteilung auf der Ereignismenge $X = \{ e_i \,/\, i=1,...,n \}$ bedeutet, so ist auch in diesem Fall mit dem tatsächlichen Eintreten eines Ereignisses e von geringem Möglichkeitsgrad $\Pi(e)$ ein großer Überraschungseffekt verbunden. Diesen Überraschungseffekt nennen wir (*possibilistische*) *Information* des Versuchsergebnisses e. Eine Quantifizierung der Größe dieses Überraschungseffektes können wir den (*possiblistischen*) *Informationswert* I(e) des Versuchsergebnisses e nennen.

Mit dem Elementarbegriff *Möglichkeitsgrad* $\Pi(e)\ (> 0\,!)$ *eines Ereignisses* e ist der konträre Begriff *Möglichkeitsgrad* Poss(e´) *des Nichteintretens von* e provoziert. Das Nichteintreten von e bedeutet das Eintreten irgendeines anderen Elementarereignisses:

$$e´= \{ e_i \,/\, e_i \neq e,\ i=1,...,n \}.$$

Daher erhalten wir, wenn Π ein Möglichkeitsmaß Poss auf $P(X)$ induziert   (wenn also $\sup_{x \in X} \Pi(x) = 1$; s. (3.2-b)) :

$$\text{Poss}(e´) = \max_{e_i \in e´} \text{Poss}(e_i) = \max_{e_i \in e´} \Pi(e_i).$$

---

[*] Ein solches Beispiel ist das Bertrandsche Paradox; siehe hierzu etwa Meschkowski, H (1968), S. 28ff.

Die Beschränkung auf Verteilungen Π, die ein Möglichkeitsmaß induzieren, entspricht der Situation, daß ein Satz von Elementarereignissen mit der zugehörigen Möglichkeitsverteilung bekannt ist, aber nicht ausgeschlossen werden kann, daß irgendein sonstiges Ereignis e, über das man nichts weiß, eintreten kann. Für dieses Ereignis setzen wir $\Pi(e) = 1$.

Setzt man

$$I(e) \quad := \quad \frac{1 - \Pi(e)}{\Pi(e)} \quad ,$$

so erhält man für ein Ereignis, dessen mögliches Eintreten man unbeschränkt annehmen kann, für das also $\Pi(e) = 1$ gilt, $I(e) = 0$. Sein Eintreten hat also keinen Informationswert. Für kleines $\Pi(e)$ erhält man einen großen Informationswert $I(e)$. $\Pi(e) = \frac{1}{2} \Rightarrow I(e) = 1$.

Ohne dadurch die Allgemeinheit unserer Überlegungen einzuschränken, wollen wir eines der immer vorhandenen Elementarereignisse $e \in X$ mit $\Pi(e) = 1$ als e_n bezeichnen. Faßt man Π als Fuzzy-Menge von $X := \{ e_i / i=1,...,n \}$ auf $(\Pi \in F(X))$, so nennen wir die Vagheit von Π, $V(\Pi)$ (s. 2.2-d), den *Grad der Unsicherheit* über den Ausgang eines einzelnen Versuches. Synonym benutzen wir auch den Begriff *(possibilistische) Entropie* des Versuches und verwenden hierfür das Symbol $\tilde{E}(\Pi)$.

$$\tilde{E}(\Pi) \;=\; V(\Pi) \;=\; \frac{[\Pi \cap \overline{\Pi}]}{[\Pi \cup \overline{\Pi}]} \;=\; \frac{\sum \min (\Pi(e_i), 1 - \Pi(e_i))}{\sum \max (\Pi(e_i), 1 - \Pi(e_i))}$$

$$=\; \frac{\sum_{}^{n-1} \min (\Pi(e_i), 1 - \Pi(e_i))}{1 + \sum_{}^{n-1} \max (\Pi(e_i), 1 - \Pi(e_i))} \;=\; \frac{[\Pi' \cap \overline{\Pi}']}{1 + [\Pi' \cup \overline{\Pi}']}$$

$$=\; V(\Pi') \, \frac{[\Pi' \cup \overline{\Pi}']}{1 + [\Pi' \cup \overline{\Pi}']} \quad ,$$

wobei Π' die auf den durch $\Pi(e_n) = 1$ gegebenen (n-1)-dimensionalen Würfel (eine Seite des n-dimensionalen Würfels) zurückgenommene Fuzzy-Menge Π ist : $\Pi'(e_1,...,e_{n-1}) = \Pi(e_1,...,e_{n-1},1)$.

Also

$$\tilde{E}(\Pi) = \frac{[\Pi' \cap \overline{\Pi}']}{1 + [\Pi' \cup \overline{\Pi}']} = V(\Pi') \frac{[\Pi' \cup \overline{\Pi}']}{1 + [\Pi' \cup \overline{\Pi}']} \tag{3.4-a}$$

$\tilde{E}(\Pi)$ nimmt an derselben Stelle wie $V(\Pi')$ sein Maximum an :

$$\tilde{E}(\tfrac{1}{2},\ldots,\tfrac{1}{2},1) = V(\tfrac{1}{2},\ldots,\tfrac{1}{2}) \frac{n-1}{n+1} = \frac{n-1}{n+1} . \tag{3.4-b}$$

$\Pi \in P(X)$ bedeutet, daß der Versuch nur Ergebnisse zeitigen kann, deren Auftreten man unbeschränkt für möglich halten muß. Da für solche Π $\tilde{E}(\Pi) = 0$ ist, kann ein solcher Versuch keine Information bringen.

Für den Fall, daß man auch δ_i als Möglichkeitsverteilung auffaßt, gilt $\tilde{E}(\delta_i) = \hat{E}(\delta_i) = 0$.

Vergleichen wir nocheinmal $\hat{E}$ und $\tilde{E}$ miteinander:

$0 = \hat{E}(\delta_i) = \tilde{E}(\Pi \in P(X))$:

Die probabilistische Unsicherheit über den Ausgang eines Versuches verschwindet genau dann, wenn mit Sicherheit ein bestimmtes Versuchsergebnis eintreten wird.

Die possibilistische Unsicherheit über den Ausgang eines Versuches verschwindet genau dann, wenn für eine bestimmte Teilmenge von zunächst hypothetischen Versuchsergebnissen unbeschränkt deren Eintrittsmöglichkeit angenommen werden muß.

$$\hat{E}(\tfrac{1}{n},\tfrac{1}{n},\ldots,\tfrac{1}{n}) = 1 , \qquad \tilde{E}(\tfrac{1}{2},\ldots,\tfrac{1}{2},1) = \frac{n-1}{n+1} .$$

Die probabilistische Unsicherheit über den Ausgang eines Versuches ist maximal, wenn keine Unterschiede der Eintrittswahrscheinlichkeiten der möglichen Versuchsergebnisse vorliegen.

Die possibilistische Unsicherheit über den Ausgang eines Versuches ist maximal, wenn die Information jedes einzelnen Elementarereignisses 1, bzw. dessen Vagheit maximal ist. Die maximale Unsicherheit $\tilde{E}_n := \tilde{E}(\frac{1}{2},\ldots,\frac{1}{2},1)$ über den Ausgang eines Versuches hängt von der Anzahl n der Elementarereignisse ab; sie steigt mit wachsendem n. Dies deckt sich mit unserer Intuition über die Unsicherheit von Versuchsausgängen : $\lim_{n \to \infty} \tilde{E}_n = 1$. (Der Krug geht so lange zum Brunnen bis er bricht.)

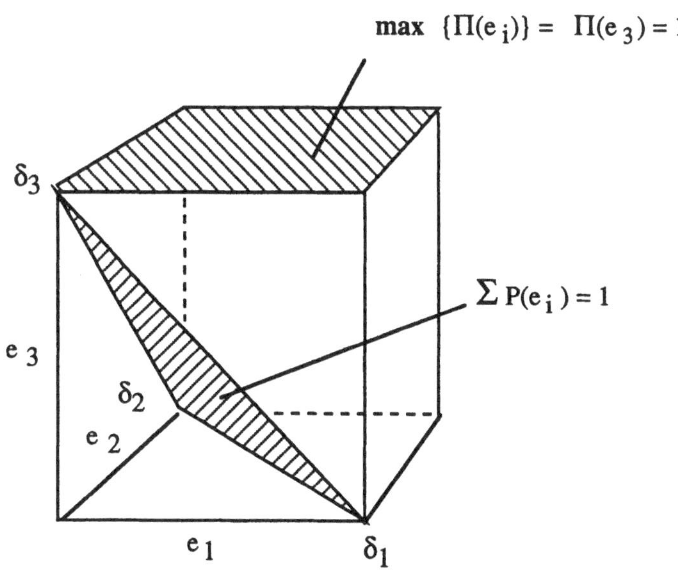

Bild 3-6 : Man sieht im dreidimensionalen Fall , wie die Menge der Wahrscheinlichkeitsverteilungen **P** (diagonales Dreieck) und die Menge der Möglichkeitsverteilungen Π (obere Würfelseite) zueinander liegen. Offensichtlich ist **P** $\cap$ Π = δ_3 .

4. Fuzzy - Inferenzsysteme

4.1. Modellfreiheit von Fuzzy-Inferenzsystemen.

Organische Systeme, also Lebewesen, 'lernen' aus wahrgenommenen Ereignissen. Um ein früher wahrgenommenes Ereignis mit einem aktuellen zu vergleichen, muß das frühere Ereignis erinnert werden können. Der Vergleich wahrgenommener früherer Ereignisse mit dem jeweils aktuellen kann den Impuls zum Handeln auslösen, dessen Folgen gleichsam als Echo des Handelns wiederum als wahrnehmbares Ereignis auftreten können. Die Notwendigkeit zum Handeln für jedes Lebewesen ergibt sich aus der knappen Ressource 'Zeit'.
Mit diesen Bemerkungen haben wir ein Begriffsfeld umrissen, das die Bausteine zur Beschreibung aller Systeme bietet, die unter dem Diktat der Zeit erinnerungsbezogen handeln müssen:

- Wahrnehmungsfähigkeit von Ereignissen,

- Erinnerungsfähigkeit früherer Ereignisse,

- erinnerungsbezogene Handlungsfähigkeit.

'Handlungen', wie sie hier verstanden werden, setzen also stets ein Erinnern früherer Ereignisse und einen Vergleich derselben mit aktuellen voraus. Wegen der begrenzten Erinnerungskapazität auf der einen Seite, und der übergroßen Vielfalt der möglichen Ereignisse auf der anderen Seite, wird jedes so funktionierende System irgendwann vor der Situation stehen, daß ein aktuelles Ereignis keinerlei deutliche Erinnerung an ein bestimmtes früheres Ereignis hervorbringt. Es kann beispielsweise mehrere mit widersprechenden Handlungsimpulsen erinnern oder eventuell auch überhaupt keines erinnern, so daß im Sinne einer *Subsumption* keine Entscheidung für eine Handlung aus dem zur Verfügung stehenden Handlungsrepertoire möglich ist. Subsumption meint hier eine nicht notwendig eindeutige, aber scharfe (ja-nein) Klassifizierung eines Ereignisses bzgl. festgelegter Klassen. Durch Subsumption ist der modus operandi gewöhnlicher Inferenzsysteme gekennzeichnet. Beispielsweise subsumiert ein gewöhnlicher Temperaturregler eine gemessene Temperatur unter die Menge der zu hohen Temperaturen, wenn ein vorher festgelegter Wert überschritten wird.

Natürliche Systeme gehen über die ja-nein-Subsumption hinaus. Die erinnerungsbezogene Bewertung aktueller Ereignisse geht, wenn die Subsumption nicht möglich ist, ganz andere Wege. Dies soll uns für die Konstruktion künstlicher Inferenzsysteme zum Vorbild dienen. Der Begriff Inferenzsytem umfaßt solche Systeme wie die, die aufgrund vorhandenen 'Wissens' Schlüsse ziehen können (künstlich 'intelligente' Systeme), als auch technische Regelungssysteme. Ein systematischer Unterschied besteht auf der hier angenommenen Reflektionsebene nicht! 'Intelligente' wie auch regelnde Systeme haben den gleichen modus operandi. Wenn vorhandenes Wissen, in der Form

> "... wenn eine bestimmte Erscheinung beobachtet wird, so liegt ein bestimmter Sachverhalt vor,..."

da ist, müssen *neue* Erscheinungen mit diesem vorhandenen (gelernten) Wissen verglichen werden und aus diesem Vergleich ein ganz neuer Sachverhalt erschlossen werden.

Da der Nutzen technischer Regelungssysteme, insbesondere der Nutzen fuzzy-geregelter technischer Systeme, unstrittig ist, steht hinter den folgenden Ausführungen die Intention, allgemeine Eigenschaften von solchen fuzzy-geregelten Systemen zu behandeln. Dabei führt uns die Wortwahl 'Regelung' eigentlich schon auf die falsche Fährte. Wir wollen ja gerade nicht versuchen, die aufkommenden mit einem System zu bewältigenden Ereignisse unter eine passende Regel zu subsumieren. Wir wissen ja, daß dies scheitern muß. Wir wollen statt dessen aus einer Vielzahl von gelernten Regeln der Art

> "...wenn eine bestimmte Voraussetzung (Ereignis) vorliegt, dann ist es günstig, eine bestimmte Handlung zu vollziehen..."

für aktuelle Ereignisse, die in den Voraussetzungen der gelernten Regeln überhaupt nicht vorkommen, eine Handlung *kreieren*. Unsere Regeln sind also nicht einfach dazu da, angewendet zu werden, sondern dazu, daß aus ihrer Gesamtheit Handlungen konstruiert werden. Aus diesem Grunde ist es auch besser, das Wort 'Regel' zu vermeiden und statt dessen von *Prinzipien* zu sprechen. Zu diesem Zweck verlassen wir die Vorstellung, daß die Voraussetzungen der Handlungsprinzipien durch aktuelle Ereignisse lediglich erfüllt sein können oder nicht. Sie werden als graduell erfüllt angesehen. Gemäß diesem Grad kommt das entsprechende Prinzip ins Spiel. An die Präzision solcher Art von Prinzipien braucht man nur sehr geringe Anforderungen zu stellen. Man könnte etwa sagen:

Wenn man *schnell* fährt und *schlechte* Sicht herrscht, dann muß man *etwas Gas* wegnehmen.

Schnelligkeit und Sichtigkeit funktionieren hier als *linguistische Variable*, deren Werte man sich gut als Fuzzy-Mengen vorstellen kann.

Unzweifelhaft gibt es keine einheitliche Meinung darüber, wie die Fuzzy-Menge ´schnell´ präzise auszusehen hat. Unzweifelhaft kommt aber auch nicht jede beliebige Fuzzy-Menge in Frage. Niemand würde eine Fuzzy-Menge wie in Bild 4-1 dargestellt als denkbaren Repräsentanten des Begriffes ´schnell´ akzeptieren. Schnelligkeit oder Geschwindigkeit (etwa eines Autos) kann man als linguistische Variable ansehen, deren Wertebereich beispielsweise {langsam, mäßig, schnell} sein kann. ´Langsam´, ´mäßig´ ´schnell´ kann man sich hierbei als zunächst noch unbestimmte Fuzzy-Mengen vorstellen, die einige unstrittige Eigenschaften haben. Wie man konkret die Variable *Geschwindigkeit* mit einem Wertebereich ausstatten würde, ist eine Frage des Kontextes und des Aufwandes.

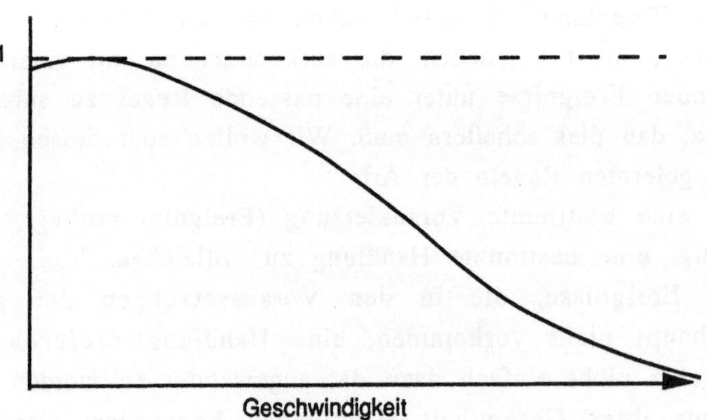

Bild 4-1: Diesen Fuzzy-Wert der Variablen ´Geschwindigkeit´ würde niemand als den Wert ´schnell´ akzeptieren.

Wenn man das Ziel hat, mit seinem Fahrzeug möglichst schnell aber unverletzt zu fahren, so handelt man ständig gemäß einer ganzen Menge verinnerlichter Prinzipien. Wissen wir, daß ein Satz von Prinzipien konsistentes Handeln in einer Umgebung ermöglicht, so brauchen wir diese Prinzipien nur anzuwenden, ohne uns um die präzise Struktur zwischen Handeln und Handlungsumgebung weiter zu scheren. Man unterstellt gewissermaßen, daß die relevanten Interdependenzen zwischen System und Systemumgebung schon in unseren Prinzipien enthalten seien. Die beobachtete Konsistenz der gemäß diesen Prinzipien vorgenommenen Handlungen verleitet uns zu dieser Unterstellung. Kurz gesagt, wenn wir konsistente Prinzipien kennen, so verzichten wir auf ein *Systemmodell*. Zum Autofahren auf einem größeren freien Parkplatz benötigt man nur wenige Prinzipien, die die Begrenzung des Platzes, den Umgang mit Lenkrad, Bremse, Gaspedal und Schaltung betreffen. Über die Systemdetails, den Motor mit seinen Verbrennungsprozessen, den Bremsen, die die kinetische Energie möglichst schnell in Wärme umsetzen, und die Details der Luftreibung braucht man - jedenfalls zum Zweck des Herumfahrens - nichts zu wissen.

Dieser Modus Operandi natürlicher Systeme ist ganz selbstbezogen und mißachtet seine Wirkungen auf andere Systeme. Sein Wert liegt im wesentlichen darin, daß er immer funktioniert, solange die Schäden, die woanders angerichtet wurden, ihn nicht selbst ersticken. Dies ist ja die Achillesferse aller geschlossenen Systeme, wie sie technische Regelungssysteme notwendigerweise sein müssen. Die hier als Vorzug propagierte Modellfreiheit natürlicher Systeme bekommt einen neuen gefährlichen Zug, wenn sie unbedacht als zu simulierendes Vorbild für Regelungssysteme von sozialer oder ökologischer Relevanz genommen wird. Solange wir derartige Verfahren zur Steuerung von Waschmaschinen, Klimageräten, Ankopplungsmechanismen von Raumfähren und ähnlichen, in primär technischen Bezügen zu verstehenden Systemen, verwenden, mag diese Problematik bei einiger Sorgfalt beherrschbar sein. Hier hilft die Modellfreiheit auch wirklich weiter; denn die Formulierung und Handhabung von Modellen kann Komplexitäts- und Kostenstufen übersteigen, die nicht mehr zu bewältigen sind.

4.2. Fuzzy-regelnde Systeme

Systeme, wie wir sie hier betrachten wollen, haben einen Satz von Vorbedingungen und jeweils zugehörigen Konsequenzen (Handlungen) { $<V_i ; K_i>$ / i=1,...,n } ´gelernt´. Die Vorbedingungen stellen wir uns als eine logische Komposition $L_i(A_i,B_i,...)$ gebildet mithilfe von ´und´, ´oder´ und ´nicht´ von wahrnehmbaren Fuzzy-Mengen $A_i,B_i,...$ vor, und die Konsequenzen K_i als Fuzzy-Mengen, die auf die jeweiligen Vorbedingungen bezogene Handlungen beschreiben;

> ...wenn man *schnell* fährt (=A_1) und *schlechte Sicht* herrscht (=B_1), dann muß man *etwas Gas wegnehmen* (=K_1)...

entspräche also dem Prinzip

$$<V_1 ; K_1> = < A_1 \text{ und } B_1; K_1> .$$

Mit $A_i \in F(X)$, $B_i \in F(Y)$, ... können wir $L_i(A_i,B_i,...) \in F(X×Y×...)$ mit $L_i(A_i,B_i,...) (x,y,...) := L_i(A_i(x),B_i(y),...)$ aufassen.

Man kann also die Vorbedingungen $V_i = L_i(A_i,B_i,...)$ als Fuzzy-Mengen von X×Y×... ansehen. Stellen wir uns nun diese Fuzzy-Mengen als Punkte eines angemessen hoch dimensionierten Einheitswürfels vor. Desgleichen stellen wir uns die K_i als Punkte eines Würfels, des Würfels der Konsequenzen, vor. Dies können wir ja zwanglos tun, wie wir im 1.Kapitel gesehen haben. Die Dimension des Würfels ist [X] + [Y] + ...

Unser Satz von Prinzipien ist in dieser Sicht dann nichts weiter als eine Zuordnung von Würfelpunkten zu Würfelpunkten, wie in Bild 4-2 angedeutet.

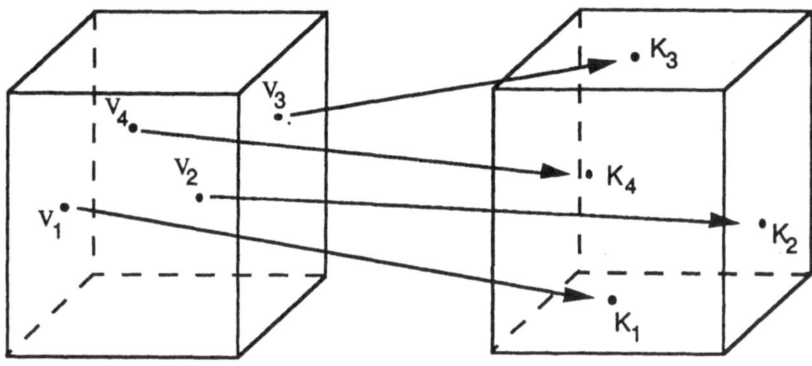

Bild 4-2: Der Satz von Prinzipien { <V$_i$; K$_i$> / i=1,...,n } läßt sich als Abbildung von Punkten des Würfels der Vorbedingungen auf Würfelpunkte des Würfels der Konsequenzen (Handlungen) verstehen.

Die A$_i$ ∈ F(X), B$_i$ ∈ F(Y) sind Werte von Variablen. Diese Variablen geben auch den Rahmen, innerhalb dessen die möglichen Ereignisse, E, auf die das System mithilfe der Prinzipien <V$_i$; K$_i$> reagieren soll, dargestellt werden : Ein Ereignis E ist ein Vektor von Werten dieser Variablen

$$E := (a, b, ...) , \quad a \in F(X), \quad b \in F(Y) ,...$$

Die L_i(E) := L_i(a, b, ...) können wir offensichtlich als Punkte des gleichen Würfels ansehen, in dem auch die Punkte der Vorbedingungen V$_i$ liegen. Unser System soll nun diese Punkte L_i(E)   mit den Prinzipien { <V$_j$; K$_j$>   / j=1,...,n } ´vergleichen´ und jedem solchen Vergleich einen Punkt K$_i$(E) des Würfels der Konsequenzen zuordnen.

$$K_i(E) \quad := \quad \text{Vergleich} (L_i(E) , \{ <V_j ; K_j> / j=1,...,n \}).$$

Unser Ziel besteht darin, aus der Menge der modifizierten Konsequenzen, { K$_i$(E) } , die sich ja aus dem Ereignis E ableitet, eine Gesamtkonsequenz K, also eine Reaktion unseres Systems auf das Ereignis abzuleiten ;

$$K := f (\{ K_i(E) \}).$$

Aus Gründen der Komplexitätsreduktion[*] vollziehen wir dieses
´Vergleichen der vorhandenen Prinzipien´ mit den Ereignissen nun
getrennt, und unterstellen dabei, daß eine solche Vorgehensweise dem
Modus Operandi realer natürlicher Systeme entspricht. Diese
Unterstellung ist im wesentlichen gleichbedeutend mit der
angenommenen Unabhängigkeit der Prinzipien $\{\ <V_i\ ;\ K_i>\ /\ i=1,...,n\ \}$:

$$K_i(E) \;=\; \text{Vergleich}(L_i(E), <V_i\ ;\ K_i>) \qquad i = 1, 2,\ ...,n$$

Hiermit meinen wir, daß es erlaubt sein soll, das Ereignis E mit jedem
einzelnen Prinzip zu ´vergleichen´, ohne die anderen Prinzipien zu
berücksichtigen. Wir gehen sogar noch weiter, indem wir nun auch
noch annehmen, wir dürften das Ereignis E zunächst allein mit den
einzelnen Vorbedingungen ohne Rücksicht auf die zugehörigen Konsequenzen vergleichen und aufgrund dieses Vergleiches die entsprechende Konsequenz modifizieren.

$$K_i(E) \;=\; \text{Vergleich}(L_i(E), V_i\,) \circ K_i \qquad 1, 2,\ ...,n.$$

Daß wir so vorgehen, kann an dieser Stelle auch nicht weiter
überraschen. Denn die Verwendung der Begriffe wie ´Regel´ oder
´Prinzip´ zielt genau auf diese Vorgehensweise. Mit Bild 4-3 werden
die Zusammenhänge versinnbildlicht. Man sieht, daß Vergleiche der
Ereignisse mit den Vorbedingungen in den Prinzipien ´übertragen´
werden auf Modifikationen der Konsequenzen. Bei Fuzzy-Regelungs-
systemen hat man es in der bisherigen Praxis wohl immer mit dem
Sonderfall $L_1 = L_2 = ... = L_n$ zu tun. Diese Einschränkung rührt
vermutlich von den Gewohnheiten aus der Praxis der Konstruktion
gewöhnlicher regelnder Systeme her.

---

[*]   Diese mit dem Euphemismus ´Komplexitätsreduktion´ positiv umschriebene Vorgehensweise verdeckt die tatsächliche Hilflosigkeit der Ratio angesichts des
überlegenen ´Seinsstils´ (nämlich komplex zu sein) natürlicher Systeme.

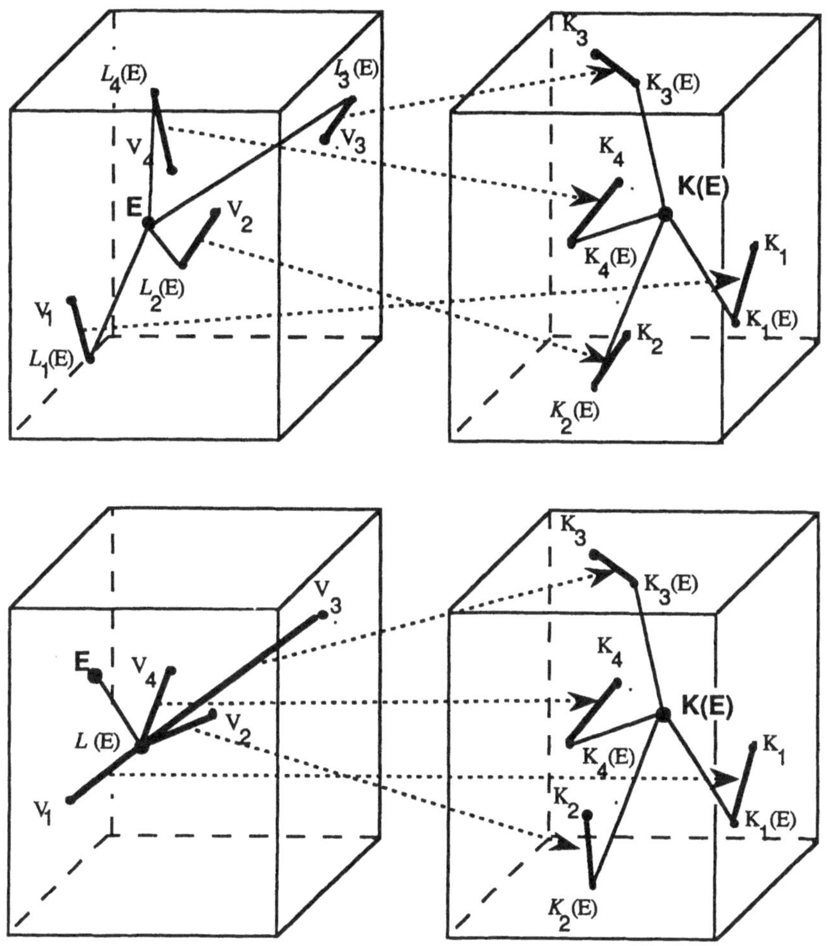

Bild 4-3: Darstellung der Beziehungen zwischen gelernten Prinzipien und Ereignissen E; oben der allgemeine Fall, unten der Fall, daß die logische Komposition in den Vorbedingungen übereinstimmt. Die Darstellung setzt voraus, daß die Ermittlung von modifizierten Konsequenzen

    1. hinsichtlich der einzelnen Prinzipien getrennt durchgeführt werden kann, und

    2. durch Vergleich des Ereignisses mit der Vorbedingung und anschließender Anwendung des Vergleichs auf die betreffende Konsequenz erreicht werden kann.

Die Abbildung f unseres Ereignisses E auf einen Punkt des Würfels der Konsequenzen, K, ist also von der Art:

$$K := f(E) := f(\{ K_i(E) \}) = f(\{ \text{Vergleich}(L_i(E), V_i) \circ K_i \ / \ i=1,...,n \}).$$

In dieser Vorgehensweise, die unterstellt, man könne ein System in der beschriebenen Weise zerlegen, indem man sowohl die Menge der gelernten Prinzipien als auch die Vorbedingungen und Konsequenzen der Prinzipien separiert behandelt, liegt tatsächlich eine erhebliche Einschränkung. Man schließt also mit dieser Betrachtungsweise eine große Menge von Systemen von vornherein aus. Der Grund hierfür - wir können es nicht anders. Wenn wir diese Unterstellungen nicht machen, sind die zu betrachtenden Systeme außer in Trivialfällen unbeherrschbar komplex. Nachdem wir nun unsere Systemsicht so sehr spezialisiert haben, können wir eine operationalisierbare Behandlung versuchen. Hierzu werden wir für

$$\text{Vergleich}(E, V_i) := \text{Vergleich}(L_i(E), V_i)$$

eine diesem Diskurs angemessene Definition einführen. Wir verlangen in Übereinstimmung mit unserer Intuition, daß für den Sonderfall, daß $L_i(E) = V_i$ ist, $\text{Vergleich}(L_i(E), V_i) = 1$ ergibt. Und wenn $L_i(E)$ sehr nahe bei V_i liegt, $\text{Vergleich}(E, V_i)$ auch entsprechend nahe bei 1 liegt.

$$\text{Vergleich}(..., V_i) : \{ E \} \to [0,1]$$
$$E \ \to \ \text{Vergleich}(E, V_i)$$

ist also eine Fuzzy-Menge von V, dem Einheitswürfel der Vorbedingungen. Neuronale Methoden ´überlagern´ diese Abbildungen zu einer Gesamtabbildung

$$\text{Vergleich}(..., V_1, V_2, ..., V_n) : \{ E \} \to [0,1]$$

gemäß verschiedener Techniken, die ausschließlich durch die Möglichkeiten neuronaler Netze definiert werden. Zwar wird hierdurch die Menge der Vorbedingungen ganzheitlich behandelt, doch verliert sich hierdurch die Nachvollziehbarkeit der Wirkungen dieser Gesamtabbildung. Der etwas okkulte Charakter dieser Techniken ist nicht zu übersehen. Man spricht in diesem Zusammenhang von assoziativen Techniken. Die manchmal überraschenden Leistungen neuronaler, assoziativer Systeme sind vielleicht gerade darauf zurückzuführen, daß die { V_i } nicht separiert werden.[*]

Im Kontext der Fuzzy-Denkweise springt es nun ins Auge, für Vergleich(E,V_i) die Fuzzy - Subsumption (s. Kap 2.1) zu nehmen :

$$\text{Vergleich}(E,V_i) := \text{Sub}(L_i(E),V_i) .$$

Wir benutzen zur Ermittlung des Grades, zu dem ein Prinzip ins Spiel kommen soll, den Grad, zu dem ein Ereignis unter die Vorbedingung des Prinzips zu subsumieren ist. Wir bleiben also bei der Subsumption, nehmen aber ihre dem Niveau des Fuzzy-Diskurses angepaßte Verallgemeinerung. Offensichtlich ist auch für $L_i(E) = V_i$ Vergleich$(E,V_i) = 1$ und für kleine Abweichungen von E nur in geringem Maß von 1 verschieden, da Sub stetig ist. Das Sub$(L_i(E),V_i)$ können wir umschreiben als das Maß, zu dem das Ereignis E unter die Vorbedingung V_i zu subsumieren ist. Mithilfe dieses Maßes Sub$(L_i(E),V_i)$ müssen wir die Konsequenz K_i modifizieren, um $K_i(E)$ zu gewinnen:

$$K_i(E) = \text{Sub}(L_i(E),V_i) \circ K_i .$$

Mit (2.1-i) haben wir gesehen, daß im Lukasiewicz-Verband Sub$(L_i(E),V_i) = U(L_i(E),V_i)$ ist. Wir werden je nach argumentativer Opportunität mal den einen, mal den anderen Ausdruck verwenden.

Welche Wirkung soll nun ein ermittelter Grad, zu dem ein Ereignis eine Vorbedingung eines Prinzips anspricht, haben? Man verlangt, daß $K_i(E)$ sich aus dem Grad $U(L_i(E),V_i)$ *und* der Konsequenz K_i zu ergeben habe. Für das *und* können wir nun die verschiedenen Varianten, wie wir sie schon in Kap 1 kennengelernt haben, verwenden. Bild 4-4 gibt einen Eindruck, welche Wirkungen die verschiedenen ´unds´ $\wedge_L, \wedge_P, \wedge_M$ bei der Generierung der $K_i(E)$ haben. (Numerisch scheint für konkrete Regelungssysteme das $\wedge_M$ die geringsten Probleme zu machen.) Damit haben wir einen Inferenzmechanismus bis auf eine Funktion f, die aus unserem Satz von modifizierten Konsequenzen $\{K_i(E)\}$ eine einzige

---

[*] siehe hierzu auch Kosko 1992

Konsequenz K bildet, entwickelt. Diese Funktion f , die Überlagerung der { K_i(E) } ist der letzte ganzheitliche Aspekt, der der so beschriebenen Systemsicht noch anhaftet.

$$K = f(E) := f(\{ K_i(E) = U(L_i(E), V_i) \wedge K_i \ / \ i=1,...,n \}).\qquad(4.2\text{-}a)$$

Die bis hierher noch völlige Unbestimmtheit des f, die wir als eine Art Überlagerungsfunktion auffassen, garantiert noch die Plastizität des f, welche die verschiedensten Varianten von Inferenzmechanismen zu beschreiben erlaubt. Man kann sich auch vorstellen, daß das f im Verlauf mehrerer Inferenzzyklen adaptiv angepaßt wird, um den Inferenzmechanismus zu verbessern oder sogar zu optimieren.

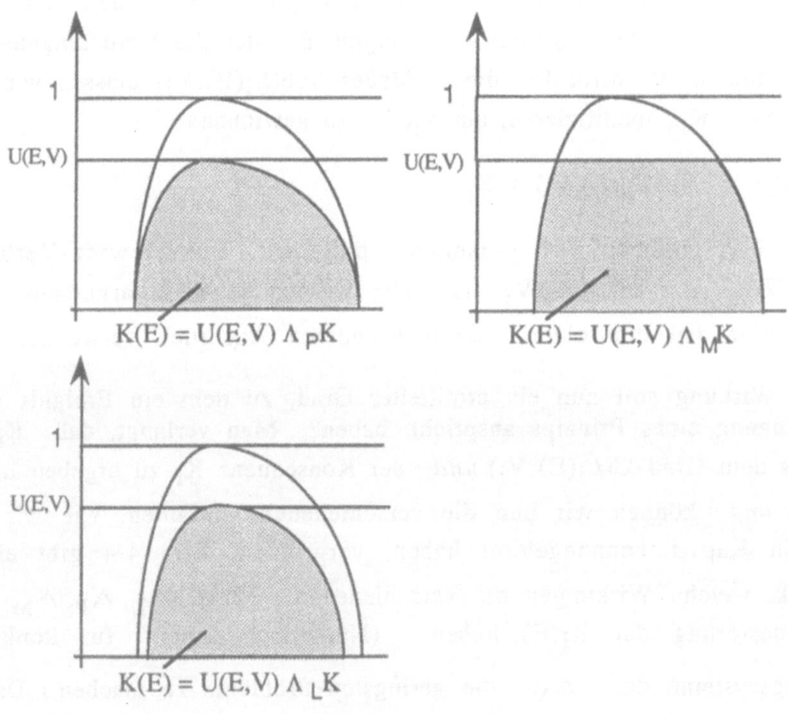

Bild 4-4:   Man sieht, wie sich bei den verschiedenen ´unds´ die   K(E) einstellen.

Der Ausdruck (4.2-a) ordnet einem durch einen Vektor von Variablen-
werten (a,b,...) der Variablen X,Y,... definierten Ereignis E die Fuzzy-
Menge K(E) zu. (Die Variablenwerte a,b,... sind selber Fuzzy-Mengen !)
Dies alles auch, wenn die a,b,... entartete Fuzzy-Mengen, etwa Zahlen
(Meßwerte) darstellten! Seien etwa a und b Meßwerte verschiedener
physikalischer Variablen X, Y, die gleichzeitig vorliegen; z.B. die Masse
und Geschwindigkeit eines sich bewegenden Körpers. Dann ist E = (a,b)
mit

$$a(x) = \begin{cases} 1, \text{ wenn } x = a \\ 0 \text{ sonst} \end{cases} \qquad \text{und}$$

$$b(y) = \begin{cases} 1, \text{ wenn } y = b \\ 0 \text{ sonst}. \end{cases}$$

Sei außerdem für Fuzzy-Werte der A,B der Variablen X,Y eine Vorbedingung V gegeben durch

$$V = L(A,B) := A \cap B \in F(X \times Y) \text{ mit } (A \cap B)(x,y) = \min\{A(x), B(y)\}.$$

(z.B. daß die Masse *groß* (=A) ist und die Geschwindigkeit *mittelgroß*
(=B) ist.)

Für L(E) schreiben wir ganz ähnlich

$$L(E) = L(a,b) = a \cap b \in F(X \times Y) \text{ mit } (a \cap b)(x,y) = \min\{a(x), b(x)\}.$$

Es ergibt sich dann

$$U(L(E),V) = U(L(a,b),L(A,B)) = \frac{[a \cap b \cap A \cap B]}{[a \cap b]} =$$

$$= \frac{V(a,b)}{1} = \min\{A(a), B(b)\}. \qquad \text{Also}$$

$$U(L(E),V) = \min\{A(a), B(b)\}. \qquad\qquad\qquad \textbf{(4.2-b)}$$

Man erkennt, daß die Subsumption eines Ereignisses E unter eine
Vorbedingung V, wie in (4-a) erforderlich, ohne weiteres auch für
scharfe Ereignisse, wie sie Meßwerte darstellen, möglich ist . Die hier
und da manchmal betonte Auffassung, daß derartige scharfe Ereignisse
erst einer ´Fuzzifizierung´ bedürfen, damit ein auf Fuzzy-Mengen
definierter Inferenzmechanismus auch auf solche scharfen

Eingangsgrößen, wie sie Meßwerte darstellen, reagieren kann, ist unrichtig. Man braucht sich keinesfalls einem zusätzlichen heuristischen Rechtfertigungsdruck auszusetzen, um außerhalb der Fuzzy-Notationen die Notwendigkeit einer gesonderten Fuzzifizierung scharfer Meßwerte zu begründen. Unser $U(L(E),V)$ leistet die Fuzzifzierung gewissermaßen von selbst. Die Sinnhaftigkeit dieser Darstellung gewinnt ihr Gewicht dann auch noch dadurch, daß $U(L(E),V)$ eine Fuzzifizierung der gewöhnlichen Subsumption ist. Die Notwendigkeit einer gesonderten Fuzzifzierung scharfer Werte wäre auch gewissermaßen fuzzy-dogmatisch sehr störend; denn Aussagen über Fuzzy-Mengen sollen in der Regel auch Aussagen über gewöhnliche Mengen umfassen. Anders als mit den Ereignissen verhält es sich mit dem angestrebten Ergebnis $K = f(E)$ des Inferenzprozesses. Dieses ist im allgemeinen eine eigentliche Fuzzy-Menge und müßte, wenn es darum geht, eine Stellgröße für einen Steuerungsprozess zu ermitteln, erst ´defuzzifiziert´ werden. Dies mag aber an der Provenienz herkömmlicher Technik liegen, die sozusagen habituell scharfe Steuergrößen verlangt. Mit der Anweisung ´ein bißchen schneller´ vermag ein Automat erst etwas anzufangen, wenn diese Anweisung auf einen einzustellenden scharfen Wert defuzzifziert wurde.

Bei der Darstellung von $U(L(E),V)$ gemäß (4.2-b) für scharfe Eingangsgrößen a,b sind wir eigentlich inkonsequent gewesen. Für das ´und´ der Vorbedingung ´A und B´ wurde $\wedge_M$ verwendet. Die Untermengigkeit $U(L(E),V)$ ist aber durch ihre Identität mit der Subsumption $\mathrm{Sub}(L(E),V)$ motiviert, wie wir sie im Lukasiewicz-Verband $(F(X),\wedge_L,\vee_L,\neg)$ definiert hatten.

Betrachten wir daher den Fall $V(A,B) = A \wedge B := A \wedge_L B$. Für die scharfen Eingangsgrößen a,b ändert sich zunächst nichts : $L(a,b) = a\wedge_M b = a\wedge_L b$. Stellen wir uns auf den puristischen Standpunkt und beschreiben unsere Vorbedingungen mit den Mitteln des Lukasiewicz-Verbandes, so gelangen wir also zu

$$U(L(E),V) \;=\; U(L(a,b),L(A,B)) \;=\; \frac{[\,(a \wedge b) \cap (A \wedge B)\,]}{[\,a \wedge b\,]} \;=$$

$$= \frac{V(a,b)}{1} = A(a) \wedge B(b) = \max\{A(a) + B(b) - 1, 0\}\,.\ \text{Also}$$

$$U(L(E),V) = \max\{A(a) + B(b) - 1, 0\} \tag{4.2-c}$$

Offensichtlich gilt für jede t-Norm $\wedge$ (und) sowie scharfe Werte a,b und der Vorbedingung $V(A,B) = A \wedge B$

$$U(L(E),V) = A(a) \wedge B(b) \tag{4.2-d}$$

Ein Satz von modifizierten Konsequenzen, den man mithilfe erinnerter Prinzipien aus einem Ereignis ableiten kann, mag nun der Kontemplation über die Möglichkeiten komplexer Systeme ein großes Volumen an schwergerüchiger Luft verleihen, doch zum Handeln, zum Reagieren auf ein aktuelles Ereignis - zur Tat - gehört mehr. Hierzu gehört nämlich, daß diese modifizierten Konsequenzen zu einer einzigen amalgamiert werden. Zu diesem Zweck sehen wir uns noch einmal unseren Ausdruck (4.2-a) genau an:

$$K = f(E) := f(\{K_i(E) = U(L_i(E),V_i) \wedge K_i \ / \ i=1,\ldots,n\}).$$

Wir stehen vor der Frage, wie aus dem Satz von modifizierten Konsequenzen $\{K_i(E) = U(L_i(E),V_i) \wedge K_i \ / \ i=1,\ldots,n\}$ die Gesamtkonsequenz K gewonnen werden kann. Hierfür gibt es keinen Königsweg. Ein gern dargestelltes Verfahren besteht darin, die $K_i(E)$ mit Gewichten, deren Summe 1 ergibt, zu multiplizieren und dann zu summieren, also den Ausdruck

$$K = \sum g_i K_i(E) \qquad \text{mit} \ \sum g_i = 1 \ \text{zu bilden.} \tag{4.2-e}$$

Die Gewichte reflektieren dann irgendwie die Bedeutung, die das betreffende Prinzip für das Regelungssystem hat. In dem Spezialfall, wo für den Ausdruck (4.2-a) $\wedge = \wedge_M$ genommen wird, sprechen wir von einer Inferenzierung im Sinne der 'gewichteten Minimumslogik'. Die gemäß (4.2-e) vorgenommene Gewichtung mit $\sum g_i = 1$ wirkt hierbei etwas gequält und erscheint gewaltsam eingeführt zu dem Zweck, daß die Gesamtkonsequenz K eine Fuzzy-Menge ist. Bei den üblichen

Verfahren der Defuzzifizierung, aus der Fuzzy-Menge K einen scharfen Wert herauszufiltern, stellt sich dann wieder heraus, daß der gewonnene scharfe Wert unabhängig ist von der extra eingeführten Bedingung $\sum g_i = 1$. (Abzisse des Schwerpunktes von K, Abzisse des Maximums von K).

Man kann jedoch ganz im Rahmen der Fuzzy-Notation bleiben! Wenn bei gewöhnlichen regelnden Systemen die ja-nein-Subsumption für ein Ereignis mehrfache Treffer hinsichtlich der Vorbedingungen ergibt, so erhält man eine Gesamtkonsequenz, indem man irgendeine Konsequenz von denen nimmt, für die die Vorbedingung erfüllt war. Wenn also i die Indexmenge dieser Vorbedingungen ist, so gilt also für die Gesamtkonsequenz

$$K(E) = \bigvee_{i \in i} K_i = \bigvee su_i \wedge K_i .$$

mit $su_i = 1$, wenn K_i ein Treffer ist, und $su_i = 0$ sonst. Wenn man nun darüber hinaus die Auswahl $W \in P(Pr)$ aus der Menge der (als endlich angenommenen) Menge alle Prinzipien Pr annimmt, so erhält man mit $W := (w_1, w_2, ...)$ ($w_i = 1$, wenn das i-te Prinzip zur Auswahl gehört, andernfalls $w_i = 0$):

$$K(E) = \bigvee su_i \wedge w_i \wedge K_i .$$

Wobei i nun die Indexmenge von ganz Pr durchläuft.

Bei der Fuzzy-Subsumption haben wir aber ausschließlich Treffer. Diese allerdings nur zu Graden $su_i = U(L_i(E), V_i)$! Ersetzen wir weiterhin den Begriff ´Auswahl´ durch ´angenommene Relevanz´ oder ´angenommenes Vertrauensgewicht´ und fassen in diesem Sinne $W := (w_1, w_2, ...)$ als Fuzzy-Menge $W \in F(Pr)$ auf, dann erhält man in Verallgemeinerung des gewöhnlichen scharfen Reglers

$$K(E) = \bigvee su_i \wedge w_i \wedge K_i(E) = \bigvee U(L_i(E), V_i) \wedge w_i \wedge K_i ,$$

(wobei i hier natürlich die Indexmenge aller Prinzipien durchläuft.)

Bild 4-5 stellt die bis hierher behandelten Zusammenhänge dar. Ist die Kenntnis des Vertrauensgewichtes $W \in F(\text{Pr})$ gering bzw. überhaupt nicht vorhanden, so kann man W durch Beobachtung des Regelungserfolges adaptiv einstellen. Auf jeden Fall ist W die Stelle, an der der Regelungsmechanismus eingestellt werden kann. Am Beginn des Prozesses ist es opportun, solche Prinzipien zu verwenden, die gleich große, hohe Vertrauensgewichte haben. Deshalb kann die Formulierung der Prinzipien durch erfahrene Praktiker eines Systems von großem Vorteil sein. Wenn man mit einem Satz von Prinzipien $\{ <V_j ; K_j> /$ $j=1,...,n \}$ beginnt, verwendet man zunächst ein Vertrauensgewicht $W(<V_j ; K_j>) = 1$ für $j=1,..,n$ und $W = 0$ sonst. Veränderungen des W schließen dann auch das Aufnehmen neuer Prinzipien (also das 'Lernen') in den Regelungsmechanismus mit ein. Nämlich dann, wenn für ein Prinzip $<V, K>$ mit $W(<V, K>) = 0$ W so zu W' verändert wird, daß $W'(<V, K>) > 0$ ist.

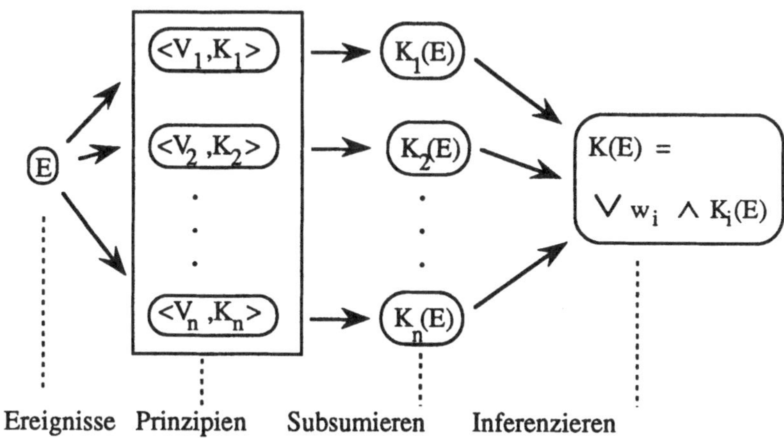

Bild 4-5 : Darstellung des Fuzzy-Regelprozesses.

Für den oben behandelten Fall zweier scharfer Meßwerte und der Vorbedingung $V_i = A_i(a) \wedge B_i(b)$ sieht unsere Gesamtkonsequenz wegen (4.2-d): $s_i = A_i(a) \wedge B_i(b)$ dann folgendermaßen aus:

$$K(E) = \bigvee A_i(a) \wedge B_i(b) \wedge w_i \wedge K_i \ .$$

Im Lukasiewicz-Verband $(F(X), \wedge, \vee, \neg) = (F(X), \wedge_L, \vee_L, \neg)$ erhalten wir

$$K(E) = \min \left\{ \sum w_i \wedge K_i(E) , 1 \right\} = \min \left\{ \sum w_i \wedge s_i \wedge K_i , 1 \right\} =$$

$$= \min \left\{ \sum \max \left\{ w_i + s_i - 2 + K_i , 0 \right\}, 1 \right\} \ .$$

Ein Beispiel:

Zwei Variable Var1 und Var2 mögen den Zustand eines Systems beschreiben. Z.B. könnte Var1 die Temperatur eines Reaktorteiles und Var2 die Änderungsgeschwindigkeit dieser Temperatur sein.

Der Wertebereich von Var1 sei:

{ stark negativ (SN), etwas negativ (EN), neutral (00), etwas positiv (EP), stark positiv (SP) }.

Der Wertebereich von Var2 sei:

{ stark zum Schlechteren (SS), mittelstark zum Schlechteren (MS), etwas zum Schlechteren (ES), neutral (00), etwas zum Besseren ((EB), mittelstark zum Besseren (MB), stark zum Besseren (SB) }

Die Konsequenzen seien :

{ stark Gegensteuern (SG), mittelstark Gegensteuern (MG), leicht Gegensteuern (LG) }.

Die Werte seien alle als Fuzzy-Mengen bekannt. (Der Einfachheit halber stellen wir uns die Werte als Polygone im R^2 vor; siehe hierzu auch Bild 4.2-6 und Bild 4.2-7.) Die folgende Tabelle stellt 13 Prinzipien dar, die lediglich durch Spekulation ermittelt wurden. Die Maxime für ihre Aufstellung war, in Extremsituationen wenigstens das Schlimmste zu verhindern. Ein Prinzip für eine Extremsituation wäre z.B. durch die obere linke Ecke der Tabelle gegeben: < SN $\wedge$ SS, SG >. (= Wenn die

Variable 1 stark negativ ist, und die Variable 2 sich stark zum Schlechteren verändert, so muß stark gegengesteuert werden.)

Var2

	SS	MS	ES	00	BB	MB	SB
SN	SG	SG	MG	LG	LG		
EN	LG						
00							
EP	MG						
SP	SG	MG	LG	LG	LG	LG	

Var 1

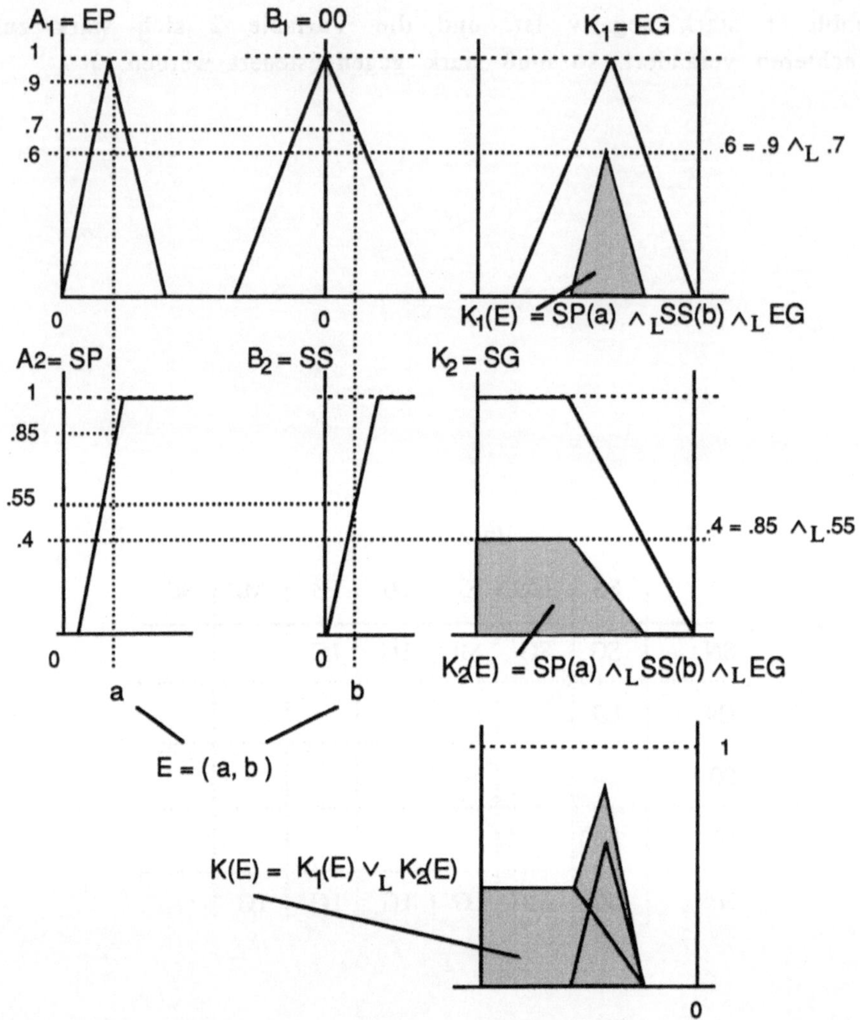

Bild 4-6 :   Zeichnerische Ermittlung des Inferenzergebnisses bei den zwei Prinzipien < EP, 00; EG > (Wenn Variable 1 etwas positiv ist, und Variable 2 neutral ist, dann ist etwas gegenzusteuern.) und < SP, SS, SG > (Wenn Variable 1 stark positiv ist, und Variable 2 sich stark zum Schlechteren verändert, so ist stark gegenzusteuern.) Die zugrunde liegende 'Inferenzlogik' ist die Lukasiewicz-Logik. Das Ereignis, auf das die beiden Prinzipien reagieren, ist das Auftauchen zweier scharfer Meßwerte a und b : E(a,b). Logische Komposition ist für beide Vorbedingungen das Lukasiewicz-und ∧L.

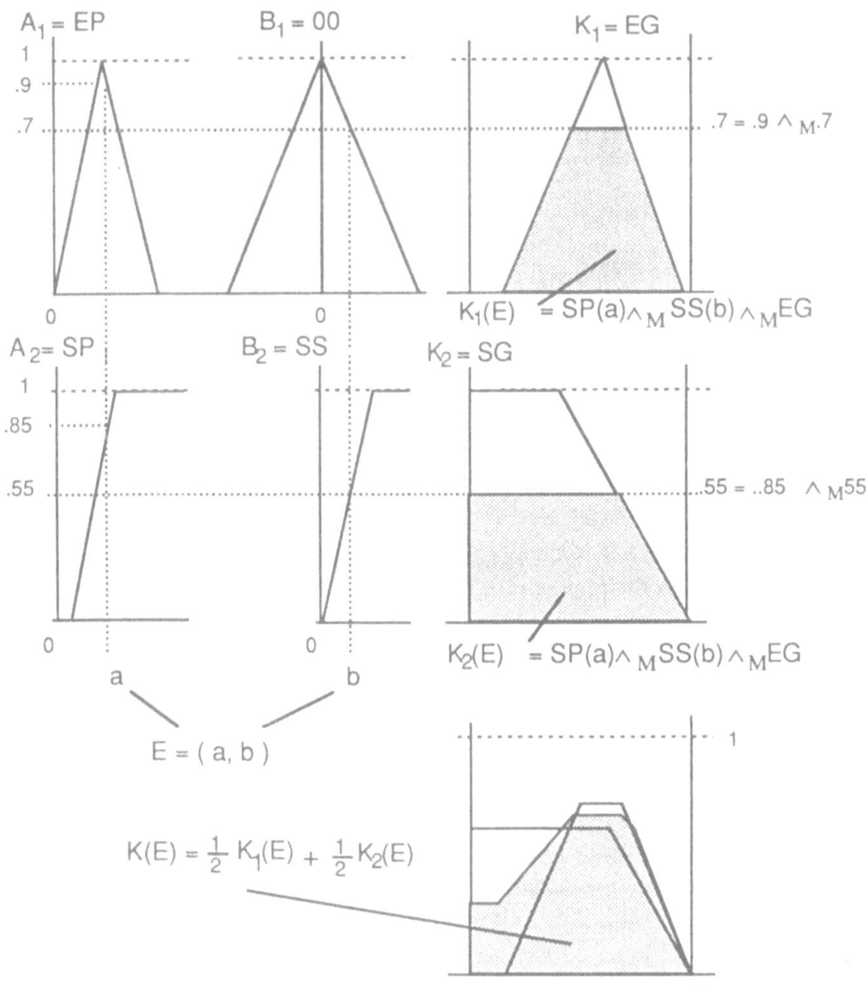

Bild 4 -7 : Inferenzprozess wie in Bild 4.2-6. Nur wurde die Lukasiewicz-Logik durch die ´gleichgewichtete´ Minimumslogik ersetzt.

4.3.   Adaption von Fuzzy-Inferenzsystemen.

Nachdem nunmehr klar ist, wie ein Fuzzy-Inferenzsystem operiert, stellt sich die Frage, wie man ´konsistente´ Prinzipien, die die Inferenzierung beherrschen, bekommt oder vorhandene verändert. Wir wissen, daß Ereignisse $\{$ E := (a, b, ...) / a $\in$ F(X), b $\in$ F(Y), ...$\}$ als Punkte eines hinreichend hoch dimensionierten Würfels V aufgefaßt werden können. Desgleichen sehen wir die Reaktionshandlungen H als Punkte eines Würfels K an. Ein beobachtetes Paar, bestehend aus einem Ereignis und einer Reaktionshandlung H, (E,H), wollen wir einen Funktionszyklus des Systems nennen. Wenn H ein Inferenzergebnis ist, so ist natürlich H = K(E). Funktionszyklen können wir also als Punkte des Würfels F = V×K begreifen. Beobachtet man nun eine hinreichend große Zahl von Funktionszyklen, so kann es sein, daß die Punkte der Funktionszyklen im Würfel F Cluster bilden. Diese Cluster lassen sich als Prinzipien des Systems deuten. Will man diese Prinzipien in die Form <Vorbedingung, Konsequenz> = <V,K> bringen, so muß man einen typisierten Repräsentanten des betreffenden Clusters (z.B. den Schwerpunkt) auf die zu den beobachteten Variablen und gehörigen Seiten des Würfels projizieren. Diese Projektionen sind dann Werte der betreffenden Variablen A $\in$ F(X), B $\in$ F(Y),... sowie eine Konsequenz K. Auf diese Weise erhält man also ein konsistentes Prinzip <A∧B∧ ..., K> (s. Bild 4-8). Größe und Dichte der Cluster geben das Gewicht, das dem betreffenden Prinzip zukommt. Mit dem so beschriebenen Verfahren haben wir die Ermittlung von konsistenten Prinzipien für ein System auf die Erstellung von Histogrammen zurückgeführt; denn unsere Punktmengen im Würfel F sind nichts anderes als Histogramme der beobachteten Funktionszyklen.

Das gleiche Verfahren läßt sich natürlich anwenden, wenn bereits ein Satz von Prinzipien bekannt ist. Dieser Satz von Prinzipien läßt sich ebenfalls als Punktmenge des Würfels F = V×K darstellen. Es kann sich herausstellen, daß die Funktionszyklencluster des unter diesen Prinzipien funktionierenden Systems weit entfernt von den die Prinzipien repräsentierenden Punkten liegen. Man hat dann die Gelegenheit, neue, adäquatere Prinzipien in das System einzufügen.

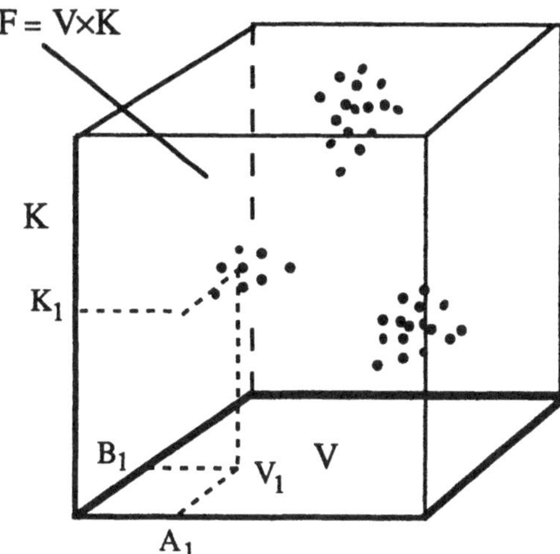

Bild 4 -8 : Die Ermittlung von Prinzipien aus der Beobachtung von Funktionszyklen. Die drei Funktionszyklencluster ergeben drei Prinzipien. Das erste Cluster ergibt das Prinzip $\langle V_1, K_1 \rangle = \langle A_1 \wedge B_1, K_1 \rangle$.

Notationen :

Die verwendeten Notationen sind etwas speziell. Es wird grundsätzlich nicht zwischen einer Menge A und ihrer ´charakteristischen Funktion´, μ_A , unterschieden. Desgleichen wird eine Fuzzy-Menge ´als solche´ mit der sie definierenden ´charakteristischen Funktion´, μ_A , identifiziert. Dies ist sehr praktisch., läßt äußerlich viele sonst komplizierte Ausdrücke sehr viel einfacher erscheinen.

Ausdrücke wie $\min_{x \in X} \{A(x)\}$ werden, wenn X die Grundmenge (universe of discourse) einer Betrachtung ist, also x keinen weiteren Beschränkungen unterliegt , zu $\min \{A(x)\}$ vereinfacht.

E^n Die Punktmenge des n-dimensionalen Einheitswürfels, oder kurz, der n-dimensionale Einheitswürfel.

$]E^n[$ Die Eckpunktmenge des n-dimensionalen Einheitswürfels.

$F(X)$ Die Menge der Fuzzy-Mengen von X.

$FF(X)$ Die Menge der Fuzzy-Mengen von $F(X)$.

ld(x)   Dualer Logarithmus von x.

$P(X)$ Potenzmenge von X, die Menge der Teilmengen der Menge X.

[X]   Mächtigkeit , Gewicht oder Masse einer Fuzzy-Menge.

[a,b]   Das abgeschlossene Intervall der reellen Zahlen zwischen a und b.

(a,b)   Das offene Intervall der reellen Zahlen zwischen a und b.

(a,b]   Das linksseitig offene und rechtsseitig geschlossene Intervall der reellen Zahlen zwischen a und b.

{a,b}   Die Menge, bestehend aus den Elementen a und b.

R   Die Menge der reellen Zahlen.

R^+ Die Menge der nicht negativen reellen Zahlen.

$X_1 \times X_2$ Das Kartesische Produkt der Mengen X_1 und X_2.

$\neg$ Verneinung, ´nicht...´, Komplement.

$\bar\vee$ Verneinter logischer Konnektor: Wenn $C = A \vee B$, dann ist

$$A \bar\vee B := \overline{C}.$$

Literaturverzeichnis

Das Literaturverzeichnis enthält ausschließlich Einträge, auf die inhaltlich Bezug genommen und hingewiesen wurde.

Altmann E. (1993), Urteilsbildung und Fuzzy-Methodik, GMD.

Barlow R.E., Proschan F. (1965). Mathematical Theorie of Reliability. Wiley, New York

Barlow R.E., Proschan F. (1975). Statistical Theory of Reliability and Life Testing: Probability Models. Holt,Rinehart and Winston, New York

Bandler W., Kohout L. (1980). Fuzzy Power Sets and Fuzzy Implication Operators. Fuzzy Sets and Systems,4 (1980), 13 - 30, North Holland

Cai Kai-Yuan, Wen Chuan-Yuan and Zhang Ming-Lian (1989). Fuzzy variables as a basis for a theory of fuzzy reliability in the possibility context. Fuzzy Sets and Systems,42(1991), 145-172, North Holland

Görke W. (1969). Zuverlässigkeitsprobleme elektronischer Schaltungen. B.I - Hochschulskripten, Bibliographisches Institut AG, Mannheim.

Bandemer H., Gottwald S. (1989). Einführung in Fuzzy-Methoden. Akademie-Verlag, Berlin.

Höhle U. (1991). Foundations of fuzzy-sets. Fuzzy Sets and Systems,40(1991), 247-296, North Holland.

Kandel A. (1986). Fuzzy Mathematical Techniques with Applications. Addison-Wesley, Reading.

Kosko B. (1992). Neural Networks and Fuzzy Systems. Prentice Hall, Englewood Cliffs.

Lukasiewicz J., Tarski,A. (1930). Untersuchungen über den Aussagenkalkül. Comptes Rendus Soc.Sci. et Lettres Varsovie, cl III,23, 30 - 50.

Menger K. (1979). Selcted Papers in Logic and Foundations, Didactics, Economics: Geometry and Positivism, a Probabilistik Microgeometry. Reidel, Dordrecht-Boston.

Meschkowski H. (1968). Wahrscheinlichkeitsrechnung, B · I - Hochschultaschenbücher 285/285a*. Bibliographisches Institut, Mannheim-Zürich.

Moore, R.E. (1966). Interval Analysis, Prentice Hall, Englewood Cliffs, New Jersey.

Ovchinikov S. (1991). On modelling fuzzy preference relations. In : Uncertainty in knowledge bases. proc. IPMU´90, 154-164, Springer, Berlin.

Ovchinikov S., Roubens M. (1992). On fuzzy strict preference, indifference, and incomparability relations. Fuzzy Sets and Systems,49(1992), 15 - 20, North Holland.

Poincaré H. (1902). La science et l`Hypothese. Flamarion, Paris.

Poincaré H. (1904). La Valeur de la science. Flamarion, Paris.

Vogel W. (1970). Wahrscheinlichkeitstheorie. Vandenhoek & Ruprecht, Göttingen.

Zadeh L.A. (1968). Probability Measures of Fuzzy-Events. J.Math.Ann. Appl.,23, 421-427

Sachwortverzeichnis